"生命科学基础实验"系列丛书

生态学综合实验原理与技术

王酉石　陈宝明　黄立南　廖　斌　储诚进 ◎ 编　著

SHENGTAIXUE ZONGHE SHIYAN
YUANLI YU JISHU

中山大學出版社
·广州·

版权所有　翻印必究

图书在版编目（CIP）数据

生态学综合实验原理与技术／王酉石等编著. 广州：中山大学出版社，2024.12. -- （生命科学基础实验系列丛书）. -- ISBN 978-7-306-08329-6

Ⅰ. Q14-33

中国国家版本馆 CIP 数据核字第 2024YR3668 号

SHENGTAIXUE ZONGHE SHIYAN YUANLI YU JISHU

出 版 人：	王天琪
策划编辑：	谢贞静
责任编辑：	郑雪漫　谢贞静
封面设计：	曾　斌
责任校对：	舒　思
责任技编：	靳晓虹
出版发行：	中山大学出版社
电　　话：	编辑部 020-84111946，84113349，84111997，84110779
	发行部 020-84111998，84111981，84111160
地　　址：	广州市新港西路 135 号
邮　　编：	510275　　　　传　真：020-84036565
网　　址：	http://www.zsup.com.cn
	E-mail：zdcbs@mail.sysu.edu.cn
印 刷 者：	广东虎彩云印刷有限公司
规　　格：	787mm×1092mm　1/16　印张：11.75　字数：207 千
版次印次：	2024 年 12 月第 1 版　2024 年 12 月第 1 次印刷
定　　价：	52.00 元

如发现本书因印装质量影响阅读，请与出版社发行部联系调换

前言

凡事都有缘由。2018 年始，我和廖斌老师一起负责"生态学综合实验"这门专业必修课，我们当时希望设计一门既符合中山大学生态学科"实践、实验、实习、科学训练"培养体系要求，又能够体现中大生态学科特色的综合性、连贯性、完整性、探究性课程，因此进行了一系列教学改革。6 年时间匆匆而过，我们将教学改革过程中的思考与实践、经验与收获全部凝结在了本书里，希望能够从实验和实践的角度为中大生态学科和其他高校生态学专业本科生的人才培养和教育教学贡献绵薄之力。

生态学是一门处在快速发展中的年轻学科，新的理论框架不断形成，新的研究手段不断涌现。这就要求在教授课程的过程中，一方面要将生态学的基础知识传授给学生，另一方面要不断积极融入新的方法手段。中山大学生态学专业和学科在百年的发展过程中，不断推陈出新，形成了"生态与进化融合，宏观与微观贯通，理论与应用并重"的鲜明特点。为此，本书从科学问题出发，介绍解决这些科学问题所需要的方法手段。全书共分为四个模块：竞争与物种共存，入侵植物的"新奇武器"及生态影响，植物重金属胁迫响应基因的转录检测、定量和克隆，以及基于个体的模拟实验与生物多样性。这四个模块既涉及生态学基础性和前沿性的内容，如物种共存机制，也涉及国家和社会对生态学专业的现实需求，包括生物入侵和生态修复等；既有注重室内实验操作能力训练的内容，也有虚拟的训练学生思维的模拟模型实验。

不同于已有的生态学实验教材，本书从科学问题入手，按照科学研究的一般范式展开，特别关注和融入国家重大战略需求，展示实现这些宏伟目标需要解决的重大科学问题和生态学路径。因此，本书从基础到应用，从实验到模拟，体现了生态学实验设计的综合性、连贯性以及课程的完整性，并鼓励学生在获取实验数据后保持数据分析的相对独立性。

本书分工如下：第一章，王酉石、林维；第二章，陈宝明、李崇玮、刘傲；第三章，黄立南、廖斌和林志亮；第四章，储诚进、王韦韬。同时，要特别感谢为这门课程给予无私帮助的实验教学辅助老师：生命科学学院的陈笑霞老师和李春妹老师，生态学院的石祥刚老师和申倩倩老师。

尽管经过多轮校正，错误仍在所难免。权当将纰漏作为对自己的激励，提醒自己在将来的工作中更加认真和努力，还望读者不吝指正。

王酉石
2024 年 12 月 5 日于中大康乐园

目录

第1章 竞争与物种共存 ································· 1

1.1 当代物种共存理论概述 ································· 1
1.2 响应面实验设计 ····································· 7
1.3 竞争实验总体方案 ··································· 11
1.4 竞争实验数据分析思路 ································ 14
1.5 竞争实验报告撰写 ··································· 15

第2章 入侵植物的"新奇武器"及生态影响 ················ 22

2.1 外来入侵植物化感作用的生物测定 ······················· 22
2.2 外来入侵植物与丛枝菌根真菌 ·························· 32
2.3 外来植物入侵对土壤养分的影响 ························ 42

第3章 植物重金属胁迫响应基因的转录检测、定量和克隆 ······· 63

3.1 概述 ·· 63
3.2 水稻重金属胁迫培养 ································· 71
3.3 水稻重金属含量的测定 ································ 74
3.4 植物总RNA的提取及质量检测 ·························· 83
3.5 cDNA第一链合成 ··································· 88
3.6 一步法RT-PCR半定量检测 ···························· 91
3.7 实时荧光定量PCR相对定量表达 ························ 94

3.8　RT-PCR 产物 cDNA 纯化 …………………………………………… 104

3.9　cDNA 分子克隆 ……………………………………………………… 107

3.10　过氧化物酶、超氧化物歧化酶活性测定 …………………………… 112

3.11　可溶性蛋白含量的测定 ……………………………………………… 114

3.12　可溶性蛋白的分离 …………………………………………………… 116

第 4 章　基于个体的模拟实验与生物多样性 …………………… 122

4.1　基于个体的模拟模型简介 …………………………………………… 122

4.2　常用软件介绍 ………………………………………………………… 156

4.3　基于个体的模型实例分析——狼—羊系统 ………………………… 161

4.4　推荐阅读 ……………………………………………………………… 174

第 1 章
竞争与物种共存

1.1 当代物种共存理论概述

解释物种在生物群落里如何共存是生态学尤其是群落生态学的核心科学问题。自 2006 年以来，国内有关群落构建和生物多样性维持机制的综述已有多篇。其中，储诚进等（2017）的综述系统介绍了当代物种共存理论的研究进展和发展趋势。本节的逻辑和文字主要以该综述为参考，简要介绍该理论，并重点关注竞争与物种共存之间的关系。本节首先简要回顾经典的物种共存理论及其局限性，在此基础上，将进一步介绍 Peter Chesson 提出的当代物种共存理论（Chesson，2000，2013，2018）。从中我们既可以看到生态学尤其是群落生态学在过去 100 多年的发展脉络，又可以明晰经典物种共存理论与当代物种共存理论的区别和联系。

1.1.1 经典物种共存理论

经典物种共存理论模型大体上分为两大类：表象模型和机理模型。形象来说，在表象模型里，只有描述物种种群动态的方程；而在机理模型里，同时有描述物种种群动态和资源动态的方程。

经典的物种共存理论强调具体的物种共存机制，比如植物物种对土壤资源的分化利用、物种的时间生态位分化和空间生态位分化等，其历史可追溯至生态位概念的提出（Grinnell，1917）。Grinnell 的生态位概念侧重物种对外界环境条件的需求，而 Elton 的生态位概念则强调物种在群落中的作用和对环境的影响（Elton，1927）。尽管人们对生态位这个术语的概念存在不同的认识，但是生态位分化对于物种共存的重要性是为学界普遍接受的。理论上，Lotka-Volterra 竞争模型（简称 L–V 模型）表明种内竞争与种间竞争的相对强度决定了竞争的结局：是稳定共存还是发生竞争排除（Lotka，1925；Volterra，1926）。随后，Gause（1934）通过草履虫实验首次验证了 L-V 模型，即物种对资源的分化利用是维持物种共存的必要条件，即"竞争排除原理"（principle of competitive exclusion）。

在 Grinnell 生态位概念的基础上，Hutchinson（1957）提出了超体积生态位，即物种的适合度是由多个因素所共同决定的。MacArthur 和 Levins（1967）在 Hutchinson 生态位概念的基础上开展了一系列有重要影响的研究工作，这促使研究人员去测量和计算物种的生态位宽度和重叠程度等。例如，极限相似性假说便假定能够稳定共存的两个物种之间的相似性程度存在一个上限。从 Grinnell 到 Hutchinson 再到 MacArthur，生态位概念侧重物种对环境的需求，这是经典物种共存理论发展的其中一条主线。这条主线本质上是建立在 Lotka-Volterra 竞争模型基础之上的。

另外一条主线以机理模型为基础，机理模型相对表象模型的优势在于其能同时考虑物种对环境的需求和对环境的影响，并明确考虑了物种对限制性资源的利用。关于物种共存的机理模型，最有影响的当属 MacArthur（1972）提出的消费者-资源模型（consumer-resource models of competition）。Tilman（1982）在 MacArthur 工作的基础上，提出著名的 R^* 理论和资源比例假说，并开展了相关的实验研究。在该机理模型中，物种能否共存取决于三个方面：资源的供给（资源供应点）、物种对环境的需求（零值增长曲线）及物种对环境的影响（消费）。简言之，物种受不同资源的限制，且物种消耗最多的资源恰好是限制其增长的那个资源。消费者-资源模型从理论上可以解释无数物种在群落里的共存。然而，由于该机理模型需同时考虑物种的动态和资源的动态，除了研究非常简单的系统如藻类系统外，其可操作性非常低，限制了该理论的实际应用。

经典物种共存理论为描述生态位分化和竞争在物种共存中的作用提供了一个相对有综合性的理论框架。然而，在 20 世纪 80—90 年代，这两类模型都遭到了强烈的质疑。随着统计学在生态学中的广泛应用，研究人员发现以前报道的很多模式实际上并不具有统计学上的显著性，这意味着仅仅基于此推断生态位分化或者竞争对物种共存的重要性存在明显的不足。

同时，在经典物种共存理论中，涉及的具体共存机制在不同研究系统里可能不一样，比如有些系统可能是光资源，有些系统可能是土壤的营养元素，而另外一些系统又可能是气候因子等。这就使过往有关物种共存机制的研究难以得到相对一致的结论，以至于不少研究者认为生态学尤其是群落生态学可能并不存在普适性的规则。

1.1.2 当代物种共存理论

相比于经典物种共存理论，当代物种共存理论不考虑具体的共存机制，转而关注影响物种共存的一般性规律。在 2000 年左右，研究人员发展出了两类相对独立的理论框架：一是 Peter Chesson（2000）提出的当代物种共存理论；二是 Steven Hubbell（2011）提出的生物多样性中性理论。尽管中性理论能很好地拟合观测数据，但是其忽略物种之间的差异或者认为物种间差异对于物种共存没有重要影响，与自然界实际情况和人们的认知相悖。有关中性理论的介绍可参考周淑荣和张大勇（2006）、牛克昌等（2009）的研究，此处不再赘述。下面简略介绍 Chesson 的当代物种共存理论。

1.1.2.1 生态位差异和平均适合度差异

物种间是存在差异的。当代物种共存理论将物种之间的差异分为两类：生态位差异（niche difference，ND）和平均适合度差异（average fitness difference，AFD）。前者促进物种共存，后者有利于竞争排除（图 1-1）。生态位差异和平均适合度差异是两个非常抽象的概念，其不涉及具体的物种差异，而是对真实的物种差异的高度概括和抽象。对于生态位差异，我们可以提供如下例子以辅助理解：一个物种主要受氮（N）元素的限制，而另外一个物种主要受磷（P）元素的限制。对于平均适合度差异，类似地，我们可以理解为物种对相同资源在利用效率上的差异，或者物种对相同资源的竞争能力上的差异。物种能否稳定共存取决于生态位差异和平均适合度差异的相对大小（图 1-1 黑色区域）生态位差异大于平均适合度差异即稳定共存；平均适合度差异大于生态位差异（图 1-1 白色区域），即竞争排除（储诚进等，2017）。由此可见，当代物种共存理论中的生态位差异包括经典物种共存理论的精髓，即生态位分化。生态位差异越大越有利于稳定共存，而平均适合度差异越大越有利于竞争排除。生态位差异和平均适合度差异之间的相对大小决定了竞争的最终结局（Adler et al.，2007），这是当代物种共存理论最为核心的一个预测。当物种既无生态位差异也无平均适合度差异的时候，群落即为中性。

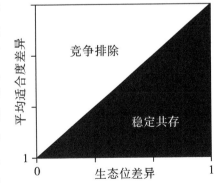

图 1-1 当代物种共存理论框架

注：图引自储诚进等（2017）。

因此，中性理论和当代物种共存理论本质上是不冲突的，前者是后者的一个特例。

1.1.2.2 理论定义

如前所述，生态位差异和平均适合度差异是两类抽象的物种间差异，量化这两类差异是当代物种共存理论框架的关键。基于不同的种群动态模型，生态位差异和平均适合度差异的表达形式略有不同（Godoy and Levine，2014）。Chesson 的理论基于如下 L-V 模型：

$$\frac{dN_i}{dt} = r_i N_i (1 - \alpha_{ii} N_i - \alpha_{ij} N_j) \quad (1-1)$$

$$\frac{dN_j}{dt} = r_j N_j (1 - \alpha_{ji} N_i - \alpha_{jj} N_j) \quad (1-2)$$

根据"入侵标准"（当一个物种以极低密度入侵处于动态平衡状态的另一个物种时，入侵物种的种群增长率大于0），推导出生态位重叠（ρ）和平均适合度差异$\left(\dfrac{\kappa_j}{\kappa_i}\right)$的计算公式如下：

$$\rho = \sqrt{\frac{\alpha_{ij} \times \alpha_{ji}}{\alpha_{jj} \times \alpha_{ii}}} \quad (1-3)$$

$$\frac{\kappa_j}{\kappa_i} = \sqrt{\frac{\alpha_{ii} \times \alpha_{ij}}{\alpha_{jj} \times \alpha_{ji}}} \quad (1-4)$$

其中，α_{ii} 和 α_{jj} 为种内竞争系数，α_{ij} 和 α_{ji} 为种间竞争系数；因为 ρ 表示生态位重叠，所以 $1-\rho$ 为生态位分化。

这个推导背后的逻辑如下：物种共存取决于种内竞争和种间竞争的相对大小，对于物种 i 而言，即为 $\dfrac{\alpha_{ji}}{\alpha_{ii}}$；对于物种 j 而言，即为 $\dfrac{\alpha_{ij}}{\alpha_{jj}}$。这两个表达式相乘再开方得到生态位重叠，相除再开方得到平均适合度差异。两个物种稳定共存的标准为种内竞争系数同时大于种间竞争系数：$\alpha_{ii} > \alpha_{ji}$ 并且 $\alpha_{jj} > \alpha_{ij}$。

当 L-V 模型是如下的形式时（注意内禀增长率 r 的位置差异）：

$$\frac{dN_i}{dt} = N_i (r_i - \alpha_{ii} N_i - \alpha_{ij} N_j) \quad (1-5)$$

$$\frac{dN_j}{dt} = N_i (r_j - \alpha_{ji} N_i - \alpha_{jj} N_j) \quad (1-6)$$

类似地，可以获得：

$$\rho = \sqrt{\frac{\alpha_{ij} \times \alpha_{ji}}{\alpha_{jj} \times \alpha_{ii}}} \quad (1-7)$$

$$\frac{\kappa_j}{\kappa_i} = \frac{r_j}{r_i} \sqrt{\frac{\alpha_{ii} \times \alpha_{ij}}{\alpha_{jj} \times \alpha_{ji}}} \qquad (1-8)$$

需要注意的是,我们可以根据如上规则,去推导获取任意种群动态模型下物种之间的生态位差异和平均适合度差异;不同的种群动态模型最终生态位差异和平均适合度差异的表达式会有所不同。

在完全竞争性群落中(种内以及种间无正相互作用的存在),生态位差异的取值范围为 0 ~ 1,0 表示物种生态位完全重叠,1 表示物种生态位完全分离;平均适合度差异的取值范围为大于等于 1(计算时将适合度高的物种置于计算式的分子),其中,等于 1 表示物种间的适合度相等即无平均适合度差异。因此,当生态位差异等于 0 且平均适合适度差异等于 1 的时候,群落即为中性。

如上所述介绍了当代物种共存理论的理论框架以及量化两类差异的方式。从中可见经典物种共存理论更加注重具体的共存机制,常因研究系统不同而不同;当代物种共存理论将物种间的差异抽象为生态位差异和平均适合度差异,不再依赖于具体的物种、具体的系统和具体的生境等,因而该理论具有一定程度的普适性。当代物种共存理论的提出和发展,为"生态学中是否具有普适性的规律"这一问题提供了新的认识以及可能的解释途径。

自 2000 年 Chesson 提出当代物种共存的理论框架以来,在将近 10 年的时间内,该框架一直停留在理论层面而鲜有实验验证。最主要的一个原因可能是:在实际操作中,无论是测量竞争系数还是种群的内禀增长率和入侵增长率,都具有很大的挑战性,这在一定程度上限制了对生态位差异和平均适合度差异的量化和理解,以及当代物种共存理论的应用。这里面涉及如何准确地测量种内和种间的竞争系数。后面我们将详细介绍相关的实验设计,即响应面实验设计。

1.1.2.3 实验验证

对当代物种共存理论的实验验证是该理论框架成熟和为人接受的重要一步。下面我们将简要回顾部分验证工作,一方面是阐明该领域所取得的进展,另一方面是通过研究案例的方式介绍如何开展实验来验证当代物种共存理论。

从上面介绍的量化生态位差异和平均适合度差异的方法可以看到,验证的关键是获取种内和种间竞争系数或者种群的内禀增长率和入侵增长率(部分种群动态模型需要)。目前针对当代物种共存理论的实验验证主要来自一年生草地植物群落(Levine and HilleRisLambers, 2009; Kraft et al., 2015),这主要是因为一年生植物群落实验周期短,易于获取种群增长(种子数)和竞争系数的相关数据。Levine 和 HilleRisLambers（2009）通过在美国加利福尼亚州的野外控制实验将理论模型参数化，然后在理论模型当中设置种内竞争系数等于种间竞争系数，相当于去除了物种间的生态位差异。结果表明，去除了生态位差异之后，能共存的物种数目明显下降，进而说明了生态位差异对于物种共存的重要性。Kraft 等（2015）利用类似的方法，通过物种单播和两两混种的方式，获得种内竞争系数和种间竞争系数，进而量化物种间的生态位差异和平均适合度差异。Van Dyke 等（2022）通过控制实验，探讨了降雨改变如何影响物种间的生态位差异和平均适合度差异，发现较小的降雨改变能显著改变共存的结局。Johnson 等（2022）同样利用一年生植物，发现植物物种对传粉者的竞争不利于共存。所有这些实验结果均支持了当代物种共存理论的预测：生态位差异和平均适合度差异共同决定了竞争的结局。

相比于一年生草地植物群落，当代物种共存理论在多年生植物群落中的验证得益于长期观测数据的积累。Chu 和 Adler（2015）收集了北美 5 套长期定位观测的草地野外数据，构建了种群统计学参数模型（包括存活率、生长率和更新率），然后通过积分投影模型（integral projection model）的手段计算种群入侵增长率，进而量化了生态位差异和平均适合度差异。分析结果同样支持了当代物种共存理论的预测，同时还发现在这些自然群落当中，物种间的生态位差异非常大而平均适合度差异相对来说比较小，这也就意味着这些多年生草地植物群落受物种间生态位差异的强烈影响，相对来说非常稳定。此外，Chu 等（2016）在前期工作的基础上，探讨了气候对物种共存的直接影响和通过相互作用产生的间接影响。

此外，研究者还采用了其他更易操作的研究系统，如微生物系统（Zhao et al.，2016）和藻类系统（Narwani et al.，2013）。这些研究从实验的角度支持了当代物种共存理论的预测，也为当代物种共存理论的传播和被认可提供了基础。但是，这些简单的研究系统存在着固有的劣势，即没有考虑自然群落中丰富的物种共存的过程，如空间异质性以及时间尺度上的生态位分化等。

在本节的最后，我们需要强调的是，当代物种共存理论，无论是基于哪一类种群动态模型（如 L−V 模型、Beverton-Holt 模型、Ricker 模型等），均是针对配对的两个物种来计算生态位差异和平均适合度差异，而且主要限于竞争性相互作用（Chesson 用平方根方法计算生态位差异和平均适合度差异）。当生物间存在正相互作用时，以及如果想探讨多物种的共存时，我们就不能应用该框架来量化两类差异，此时，就需要求助于其他研究手段，如结构化方法（Saavedra et al.，2017）。

1.2 响应面实验设计

如上所述，根据计算物种间生态位差异和平均适合度差异的公式，检验当代物种共存理论的关键是获取相互作用系数或者种群增长率（内禀增长率及入侵增长率），尤其是生物间相互作用系数。Weigelt 和 Jolliffe（2003）通过综述文献中有关竞争的研究，发现人们已经提出了 50 余项不同的指标来刻画竞争。这些指标大体上可以分为三大类：第一类，有关竞争的强度（competition intensity）和重要性（importance of competition）。竞争的强度描述的是一个或一些有机体对目标个体的绝对影响，而竞争的重要性描述的是相对于其他生态学过程，如捕食、竞争对目标个体适合度影响的相对贡献。第二类，有关竞争的影响（effect of competition）和响应（response of competition）。对于一个目标个体，竞争的影响描述的是邻近的其他个体对目标个体适合度的影响，而竞争的响应则是目标个体对邻近个体适合度的影响。我们可以通过竞争系数大致地理解竞争影响和竞争响应。假设目标个体是 i，邻近个体是 j，那么 α_{ij} 描述的主要是竞争的影响，而 α_{ji} 描述的主要是竞争的响应。第三类，有关竞争的结局（competitive outcomes）。竞争的结局分为稳定共存、竞争排除或者优先效应（priority effect）。回溯到达尔文在《物种起源》中所言，在自然界里，竞争排除是常态，而稳定共存则需要人们去赞叹和深入研究。有关竞争结局的研究通常会涉及种群动态模型参数的拟合，在此基础上再根据相关的理论预测竞争的结局。如前所述，在当代物种共存理论中，基于竞争系数计算获取生态位差异和平均适合度差异，进而判定两个物种能否稳定共存。

理论生态学家和实验生态学家对竞争的认识不太一样（Inouye，2001）。在理论生态学家眼中，竞争通常指的是种群动态模型中的互作系数，包括种内和种间的相互作用系数。比如，在两物种的 L-V 模型中，4 项相互作用系数：α_{ii} 和 α_{jj} 为种内竞争系数，α_{ij} 和 α_{ji} 为种间竞争系数，代表的是单个个体的影响。这类竞争系数需要通过实验数据来拟合某特定的种群动态模型才可以得到。而在实验生态学家眼中，竞争通常代表的是同种或者异种邻近个体对目标个体是否产生统计学意义上的影响，如单种和混种时生物量的改变情况。这类竞争的影响通常不涉及去拟合具体的种群动态模型。在实际应用中，人们常基于利用统计模型获取的相互作用系数来预测种群的长期动态。相比于通过拟合种群动态模型的做法，这是一种近似的处理。

关于如何通过实验来测量生物间的竞争系数（包括种内和种间；实际上，

不限于竞争系数，应是更为一般性意义上的生物间相互作用系数），在生态学发展历史上，研究人员相继提出3类实验设计方法（Mittelbach，2012），分别为替代实验设计（substitutive design）、叠加实验设计（additive design）和响应面实验设计（response surface design）。下面我们分别概述这3类方法，大家可以从中看到不同方法的特点，以及为什么我们最终选择响应面实验设计。判断某实验设计的优劣，核心是要看该实验设计是否能够有效估计种内和种间的相互作用系数，这里面最需要注意的是要考虑密度水平的变化。大家可以设想一下，比如对于种内竞争，如果没有密度水平的变化（类似于统计分析里只有1个数据点），是不可能估计出对应系数的，换言之，至少需要2个密度水平（类似于统计分析里不同的2个数据点）。下面将简略介绍这3类实验设计方法，大家可以按照上述标准来加以判断。

第一类为替代实验设计。在替代实验设计中［图1-2（a）］，实验者保持所有物种总的个体数量不变，但改变每个物种的相对比例。这个实验设计最常见的形式中只有3个处理：物种 X 和 Y 的比例分别为1∶0、1∶1和0∶1。从中可以看到，比如针对单种即同种相互作用的情况，物种 X 和 Y 均只有一个密度水平，即1。因此，替代实验设计实际测量的是种内竞争和种间竞争的相对强度大小。在文献里，替代实验设计也被称为替换系列（replacement series）。

第二类为叠加实验设计。在叠加实验设计中［图1-2（b）］，保持一个物种的个体数不变，并增加另外一个物种的个体数。类似于第一类的替代实验设计，针对同种的相互作用，只有1个密度水平（即只有1个数据点）；另外一个物种是有密度水平变化的，从中获得的是这个有密度水平变化的物种对目标物种的影响，即种间竞争。因此，叠加实验设计实际测量的是种间竞争强度。

如上所述，这两种方法对物种种内竞争和种间竞争的量化均存在一定的缺陷。替代实验设计混淆了种内和种间密度变化的影响，其最终的结果严格取决于单一物种的密度。而叠加实验设计通过控制竞争者的密度，虽然可以发现种间竞争对目标物种的显著影响，但却不能解析种内竞争效应，也就无法比较种内竞争和种间竞争的效果［因为目标物种的密度保持恒定，图1-2（b）］。此外，种间密度的影响可能还取决于所选择的目标物种的密度。总之，替代实验设计和叠加实验设计均无法同时获得种内和种间竞争系数。

第三类为响应面实验设计。响应面实验设计弥补其他两类实验设计的不足。响应面实验设计可以独立改变两个物种的密度，充分考虑了种内和种间多个密度水平的组合和物种多度比例的变化［图1-2（c）（d）］，其原理类似于在统计分析里有多个不同数据点的存在。因此，响应面实验设计能同时测量种间竞争系数和种内竞争系数（Inouye，2001）。响应面实验设计提供了一个独特的方法来比较物种属性、邻近个体属性和个体密度对目标个体的影响。本章案例1-1中介绍的CADE实验就是按照响应面实验设计来开展的。

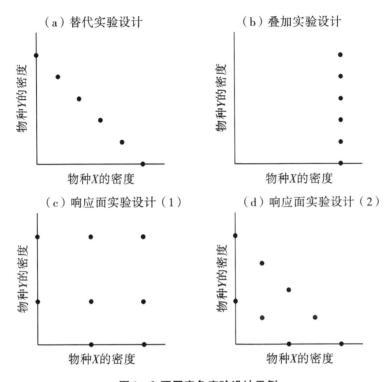

图1-2 不同竞争实验设计示例

注：每个点代表物种 X 和 Y 不同的处理或密度组合，密度是每单位面积的个体数。

相比于替代实验设计和叠加实验设计，响应面实验设计所需要的物种内和物种间密度水平组合要丰富得多，以确保能获取种内和种间的竞争系数。但同时响应面实验设计对实验工作量的要求也显著提高。为此，研究人员提出来一种最为简略的响应面实验设计方法（表1-1）。表1-1中，处理1、处理2为物种A的单种，处理4、处理5为物种B的单种，处理3为两物种的混种，这就保证了种内和种间至少都有2个数据点。从表1-1中可以看到，通过比较处理1和处理2，可以获取物种A的种内竞争系数；通过比较处理4和处理5，可以获取物种B的种内竞争系数（图1-3）。同理，通过比较处理1和处理3，可以获得物种B对物种A的种间竞争系数；通过比较处理3和处理5，可以获得物种A对物种B的种间竞争系数（图1-4）。因此，在时间、空间、人力和财力有限的情况之下，可以按照该最简响应面实验设计来设计实验、开展研究。

表1-1 最简响应面实验设计

项目	T1	T2	T3	T4	T5
物种 A	N	$2N$	N	0	0
物种 B	0	0	N	$2N$	N
种内系数	T1 vs T2, α_{AA}; T4 vs T5, α_{BB}				
种间系数	T1 vs T3, α_{AB}; T5 vs T3, α_{BA}				

注：表中 N 代表密度，T 代表密度处理（在实际实验中，所有处理都需要有重复）。

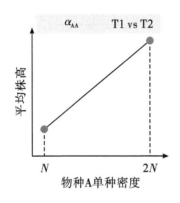
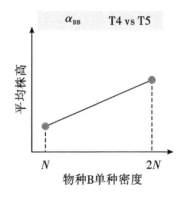

注：以平均株高作为响应变量。

图1-3 基于最简响应面实验设计获取种内相互作用系数的示意

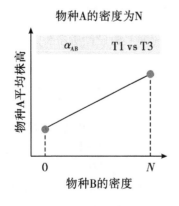
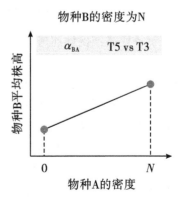

注：以平均株高作为响应变量。

图1-4 基于最简响应面实验设计获取种间相互作用系数的示意

1.3 竞争实验总体方案

1.3.1 实验设计

按照图 1-5 所示实验设计开展实验，分为对照组和干旱处理组。1~10 组为对照组，包含了单种和两个物种混种；11~20 组为干旱处理组，包含了单种和两个物种混种。物种分别以 A、B、C、D 字母代表，图 1-5 中个体间的空间位置可有不同设置方式，建议将目标个体置于中间位置。模型预测和长期监测数据均表明，极端干旱的风险在 21 世纪内将显著增加，严重危害各类生态系统，如造成树木的死亡等。为此，在实验中考虑干旱处理，通过比较对照情况下和干旱处理下物种间相互作用系数的改变，可预测干旱对物种共存和生物多样性维持的影响。

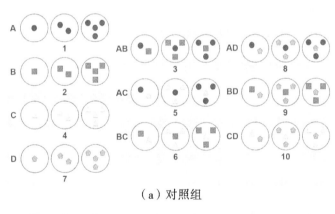

（a）对照组

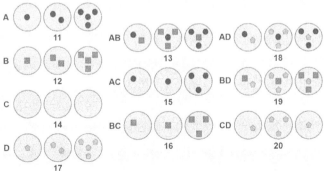

（b）干旱处理组

图 1-5 实验设计

1.3.2 实验步骤

1.3.2.1 育苗

开学前约 1 个月开始进行育苗，开学第一周开始实验即移苗，移苗时幼苗大小应合适且相对整齐。

将种子（根据所研究的具体科学问题、实验目的和当地气候条件选择物种。例如华南地区可选鬼针草、田菁、罗勒、决明、少花龙葵等）平铺在网筛上，浸入 75% 乙醇中 1 min，取出网筛，冲水（流水冲净酒精），晾干。后将种子均匀播散至育苗盆（装入混合沙土），覆土（混合沙土），浇水。将育苗盆置于光照培养箱或人工气候箱中，等待种子萌发，期间可视情况浇水。

根据不同物种萌发和生长的不同特性进行育苗。例如不同物种选择不同的育苗条件和育苗时间，以移苗前培育的幼苗个体大小一致为佳，且不要整体过大或过小。根据实验设计如处理数、重复数等，计算每个物种所需移栽的幼苗株数，尽量多育，以供后续实验选择。

1.3.2.2 盆栽实验步骤

（1）混土：将植物营养土、蛭石、沙子按照体积比 1∶1∶1 等比例混合。

（2）拌土：向混合土中加入水搅拌均匀，加水量以手握土不滴水为宜。

（3）装盆：将拌好的混合土装盆，稍做敦实，混合土表平面距花盆沿 2~3 cm，视花盆小大而定，兼顾方便浇水；花盆不宜过小过浅，直径 25~30 cm 为佳，圆盆和方盆均可。

（4）花盆编号：根据实验设计方案和学生分组数对花盆进行统一编号，便于后续数据共享。

编号示例：实验组别 + 种植物种 + 处理 + 重复。

（5）移苗：将培育好的植物幼苗移栽到装好混合土并浇透水的花盆中，将目标幼苗置于中间位置（花盆圆心），其他幼苗置于直径 8~16 cm（视花盆大小而定）的同心圆上，等角度分布，保持不同处理的幼苗间距相同。也可考虑其他幼苗的个体间空间位置的不同设置方式。

（6）植株编号：根据花盆编号再给花盆中的植物幼苗统一编号，使每一株植物都有属于自己的专属编号。

例如：花盆编号 + 具体植株。

（7）补苗：移栽 1 周后若有未成活者，可考虑第二周进行集中补苗，后面死亡的个体不再补苗。

（8）测量：竞争实验性状指标长期观测，每周均测量每株的株高（从植株基部至主茎顶部，即主茎生长点之间的距离）和冠幅（植株的南北和东西方向宽度的平均值），这样就会形成一个时间尺度上的数据集。

（9）日常维护：每周浇水 1~3 次，视具体情况而定。浇水缓慢，动作轻柔，不要破坏植株表面，亦不要将植株浇倒，将水浇透，但是不要一次浇水太多，静置数分钟，后倒出盆托中渗出的多余的水。后将花盆随机摆放、转换方向，避免固定的光照方向导致植物向光弯曲生长，尽量使植株垂直生长。

（10）记录：养成每周测量植物性状时使用数据记录本记录原始数据的习惯。

（11）干旱处理：收获前 1~2 周进行，时间长度视蒸发蒸腾量而定，处理组不浇水。

1.3.3 预期结果

（1）数据获取：每苗每周株高、冠幅数据；每苗收获时地上、地下生物量数据；每苗收获时叶片含水量、生理指标数据。

（2）数据分析：计算 α、ρ、$\dfrac{\kappa_j}{\kappa_i}$。

（3）实验报告：撰写论文。

1.3.4 竞争实验收获与测量

实验结束时，收获植株地上、地下生物量，具体分为量、剪、洗、烘、称 5 个步骤。

（1）量：收获前测量最后一次植株株高、冠幅数据。

（2）剪：用剪刀沿植株基部剪下地上部分，包括茎、叶、花等，测量地上部分鲜重后装入信封，标记植株编号，备烘干至恒重测地上生物量。根据后续测量指标的需要，可留取部分新鲜叶片，于 -80 ℃ 低温冰箱保存备用。

（3）洗：将地下部分从花盆中挖出，漂洗根系，吸干水分，装入信封，标记植株编号，备烘干至恒重测地下生物量。

（4）烘：电热鼓风干燥箱烘干信封（装有地上部分和地下部分）至恒重。

（5）称：天平称重，依据烘干后的植株大小可选用精确度为百分之一或千分之一的天平。

根据不同的实验目的和实验条件，可收获地上、地下部分的鲜材料、干材料用于后续其他性状指标的测量,如结合第3章的矿物元素(K/Na)、POD/SOD,可溶性糖等指标,也可结合第2章取植株收获时的土壤样品,测量有机质、铵态氮、硝态氮等指标。其他的功能性状指标,如叶面积、比叶面积、根长、比根长也可考虑测量,还可以结合第2章的根系侵染率实验测量植株根系的菌根侵染情况。

1.4 竞争实验数据分析思路

根据前面的实验设计,我们可以开展不同的数据分析。对于响应变量即目标个体的表现,我们可以用个体的最终生物量来代表。由于我们的实验涉及多个密度水平(非表1-1中所述的最简响应面实验设计),因此可以探讨相互作用系数对密度的非线性响应。这是生态学研究中非常重要的一个问题,即相互作用系数是否会随着密度的不同而变化。下面提供3个可能的数据分析思路:

一是观察邻近个体密度的不同对结果的影响,比如比较目标个体周围只有1个邻近个体和目标个体周围有3个邻近个体两种情况下,互作系数的变化,即相互作用对邻近个体密度的响应〔为简单起见,本实验采用 Ke 和 Wan(2020)的方法,即通过某竞争测度指标来估算竞争系数,并非通过拟合具体的种群动态模型〕。

种内竞争系数:

$$\alpha_{i,i} = \frac{B_{i,i} - B_{i,0}}{\Delta N_i B_{i,0}} \qquad \alpha_{j,j} = \frac{B_{j,j} - B_{j,0}}{\Delta N_j B_{j,0}} \qquad (1-9)$$

种间竞争系数:

$$\alpha_{i,j} = \frac{B_{i,j} - B_{i,0}}{\Delta N_i B_{i,0}} \qquad \alpha_{j,i} = \frac{B_{j,i} - B_{j,0}}{\Delta N_j B_{j,0}} \qquad (1-10)$$

式1-9、式1-10中,B代表最终的植株生物量,i和j代表物种,0代表该项对应的物种单种的情况($B_{i,0}$表示物种i在单种时的生物量),ΔN代表邻近个体的密度。

二是基于上面算式获取的种内和种间相互作用系数,按照前述式1-3和式1-4或式1-7和式1-8计算物种生态位差异和平均适合度差异,判断这两个物种是否能稳定共存,以及干旱处理如何影响物种相互作用系数和物种共存的结局。

三是基于不同时间点测量的数据,可探讨种内和种间的相互作用系数随时间的变化,而这种变化可能体现的是个体发育阶段的影响。

1.5 竞争实验报告撰写

论文撰写格式要求（供参考）：
(1) 题目（中英文）
(2) 摘要（中英文）
(3) 关键词（中英文）
(4) 引言（非常重要！）
(5) 材料和方法（数据共享）
(6) 结果（不同的分析思路）
(7) 讨论（结论）
(8) 展望（收获和感想、优化实验设计方案 + 可行性分析）
(9) 致谢
(10) 参考文献

要求：正文宋体五号字、双面打印、交纸质版和电子版 PDF。

实验报告可撰写成一篇小论文，也可写成简单的实验报告。除 5、6、7 项为必做项外，其他项均可视学生的学习情况而选做。

案例 1-1

CADE 样地由中山大学储诚进教授课题组于 2018 年 1 月在广东省封开县河儿口镇的一块弃耕农田上建立（111°49′E，23°30′N），距离广东省黑石顶省级自然保护区约 20 千米。该地属亚热带湿润季风气候，年平均降水量为 1744 mm。在每年的降水中，约有 79% 发生在 4—9 月，而从 10 月至次年的 3 月，该区域则出现明显的干旱。该区域年平均最高温度为 19.6 ℃，每月平均温度从 1 月的 10.6 ℃到 7 月的 28.4 ℃。研究区的草本植物主要有鸭嘴草（*Paspalum scrobiculatum*）、囊颖草（*Sacciolepis indica*）、红尾翎（*Digitaria radicosa*）、湖南稗子（*Echinochloa colona*）、藿香蓟（*Ageratum conyzoides*）、叶下珠（*Phyllanthus urinaria*）和母草（*Lindernia crustacea*）等。

在竞争实验中，我们选择本地常见的 4 个物种幼树进行研究，分别为格木（*Erythrophleum fordii*，ERFO）、马尾松（*Pinus massoniana*，PIMA）、黧蒴（*Castanopsis fissa*，CAFI）和米锥（*Castanopsis carlesii*，CACA）。选择这些物种作为我们的研究对象主要是基于以下几点考虑：①这些物种在当地比较常见，且均有较高的经济价值，经常作为当地植树造林树种的选择；②这些树种对光的喜好不同，其中马尾松为喜光物种，其他树种为耐荫性物种；③格木为固氮物种。通过对这些物种的梯度设置，探讨当代物种共存理论的两个关键组成部分（生态位差异和平均适合度差异）与BEF中两种机制（互补效应和选择效应）之间的关系，这可以为物种共存和生物多样性-生态系统功能的关系提供更深入的认识。

在响应面实验设计中，大田实验由6个48 m×28 m的区块（block）组成，每一个区块的具体设计如下：4个物种两两随机组合为6种组合数（AB、AC、AD、BC、BD、CD），对每个物种组合中2个物种的5种个体数量比例（$X:Y = 1:0$、$3:1$、$1:1$、$1:3$、$0:1$），设置4种不同的种植密度（25株、36株、64株和100株幼树每样方），并考虑4个密度梯度下2个物种不同密度水平的组合，如图1-6所示，当密度梯度为25株幼树/样方时，物种X和Y的密度水平组合为25:0、0:25、12:13、6:19、19:6；当密度梯度为36株/样方时，物种X和Y的密度水平组合为36:0、0:36、18:18、9:27、27:9；当密度梯度为64株幼树/样方时，物种X和Y的密度水平组合为64:0、0:64、32:32、16:48、48:16；当密度梯度为100株幼树/样方时，物种X和Y的密度水平组合为100:0、50:50、25:75、75:25、0:100。这使我们需要设置120个样方（6种组合×5多度比例×4种种植密度）。由于实验样地面积的限制，我们没有考虑幼树种植密度为100株/样方单种的情况，结果总计设置了108个小样方。此外，考虑到物种单独种植的情况（$X:Y = 1:0$或$0:1$）会在多个物种组合中重复出现。例如，物种AB组合和物种AC组合，A单种的情况是重复的，因此在AC组合中不再考虑A单种的情况，从而减少工作量。按照上述响应面实验设计的密度组合[图1-6（a）]，最终我们在每个区块里共设置了84个小样方，每个样方大小为4 m×4 m[图1-6（b）]。最后，我们共设置了504（84×6）个样方，种植了27 300株幼树。每个样方的种植密度为25、36、64和100株幼树，幼树个体种植间距分别为0.8 m、0.67 m、0.5 m和0.4 m。在整个实验设计过程中，区块内的小样方和样方内部每株幼树的种植位置是由电脑随机确定的。

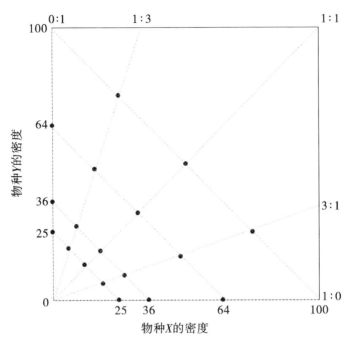

(a) 响应面实验设计里的密度组合

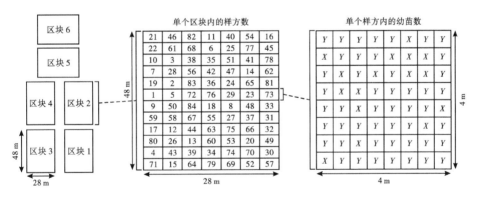

(b) 响应面实验设计布局

(a) 对于每种组合（X 和 Y 表示两个不同物种）对应一个处理，我们设置了 18 种处理，全面考虑了物种组成、物种多度比例和个体密度。

(b) 设置 6 个区块（48 m×28 m），每个区块包含 84 个随机分布的样方（4 m×4 m）。每个样方代表物种组合、物种多度比例和个体密度的处理。个体幼树种植间距为 0.8 m、0.67 m、0.5 m 和 0.4 m，分别对应每个样方种植 25 株、36 株、64 株和 100 株幼树的个体密度。

图 1-6　案例 1-1 实验设计

CADE 竞争实验样地于 2018 年 1 月设置在一块弃耕农田上。在实验开始之前，为了防止大型哺乳食草动物破坏实验，我们首先在实验样地的四周设置了围栏，然后对农田里面的植被进行了清理。实验所需幼树是从当地的苗圃购买，幼树的年龄为 1～2 年，高度在 20 厘米至 30 厘米之间。由于研究区属于亚热带气候，太阳辐射强烈，特别是我们种苗期间温度较高（图 1-7）。为了保持幼树的存活，我们把购买的幼树放置在实验田附近提前搭好的遮光棚内以减少幼树的蒸腾作用，同时每天对遮光棚内的幼树浇水以保证其存活（图 1-7）。所有的准备工作完成后，我们于 2018 年 4—5 月将每棵幼树种植在提前挖好的树坑中（30 cm×30 cm×20 cm）。整个种植过程严格按照我们的实验设计提前准备好的详细的个体位置种植导图进行，以保证幼树种植位置的准确性。幼树在种植后保证每天浇水 1 次，这个过程持续 1 周，主要是为了提高幼树初始的存活率。考虑到该区域夏季多台风等强对流天气，为了避免幼树被雨水淹死，我们在样方的四周设置了排水渠。2018 年 11 月，在幼树种植 5 个月后对样方内所有枯死的幼树进行了清理并重新补种。然后对每个幼树设置编号以利于后期的数据调查与分析。此后每年对样地内的草本植物进行 2 次清理工作，以减少其对幼树的影响，所有清理工作均为人工清理，不使用除草剂。

（a）幼树存放

（b）幼树种植

（c）种植后浇水提高幼树初始存活率

（d）区块四周设置排水渠

图 1-7　CADE 竞争实验样地

参考文献

[1] 储诚进,王酉石,刘宇,等. 物种共存理论研究进展 [J]. 生物多样性, 2017, 25: 345-354.

[2] 牛克昌,刘怿宁,沈泽昊,等. 群落构建的中性理论和生态位理论 [J]. 生物多样性, 2009, 17: 579-593.

[3] 周淑荣,张大勇. 群落生态学的中性理论 [J]. 植物生态学报, 2006, 30: 868-877.

[4] ADLER P B, HILLERISLAMBERS J, LEVINE J M. A niche for neutrality [J]. Ecology letters, 2007, 10: 95-104.

[5] CHESSON P. Mechanisms of maintenance of species diversity [J]. Annual review of ecology and systematics, 2000, 31: 343-366.

[6] CHESSON P. Species competition and predation [M]. New Work: Robert A. Meyers, 2013.

[7] CHESSON P. Updates on mechanisms of maintenance of species diversity [J]. Journal of ecology, 2018, 106: 1773-1794.

[8] CHU C J, ADLER P B. Large niche differences emerge at the recruitment stage to stabilize grassland coexistence [J]. Ecological monographs, 2015, 85: 373-392.

[9] CHU C J, KLEINHESSELINK A R, HAVSTAD K M, et al. Direct effects dominate responses to climate perturbations in grassland plant communities [J]. Nature communications, 2016, 7: 11766.

[10] ELTON C S. Animal ecology [M]. London: Sidgwick and Jackson, 1927.

[11] GAUSE G F. The struggle for existence [M]. Baltimore: Williams & Wilkins, 1934.

[12] GODOY O, LEVINE J M. Phenology effects on invasion success: Insights from coupling field experiments to coexistence Theory [J]. Ecology, 2014, 95: 726-736.

[13] GRINNELL J. The niche-relationships of the California thrasher [J]. The auk, 1917, 34: 427-433.

[14] HUBBELL S. The unified neutral theory of biodiversity and biogeography [M]. Princeton: Princeton University Press, 2001.

[15] HUTCHINSON G E. Concluding remarks [J]. Cold spring harbor symposia on quantitative biology, 1957, 22: 415-427.

[16] INOUYE B D. Response surface experimental designs for investigating interspecific competition [J]. Ecology, 2001, 82: 2696-2706.

[17] JOHNSON C A, DUTT P, LEVINE J M. Competition for pollinators destabilizes plant coexistence [J]. Nature, 2022, 607: 721-725.

[18] KE P J, WAN J. Effects of soil microbes on plant competition: a perspective from modern coexistence theory [J]. Ecological monographs, 2020, 90: e01391.

[19] KRAFT N J B, GODOY O, LEVINE J M. Plant functional traits and the multidimensional nature of species coexistence [J]. Proceedings of the national academy of sciences USA, 2015, 112: 797-802.

[20] LEVINE J M, HILLERISLAMBERS J. The importance of niches for the maintenance of species diversity [J]. Nature, 2009, 461: 254-257.

[21] LOTKA A J. Elements of physical biology [M]. Baltimore: Williams and Wilkins, 1925.

[22] MACARTHUR R H. Geographical ecology [M]. Princeton: Princeton University Press, 1972.

[23] MACARTHUR R H, LEVINS R. The limiting similarity, convergence, and divergence of coexisting species [J]. The american naturalist, 1967, 101: 377-385.

[24] MITTELBACH G G. Community ecology [M]. Sunderland: Sinauer Associates, 2012.

[25] NARWANI A, ALEXANDROU M A, OAKLEY T H, et al. Experimental evidence that evolutionary relatedness does not affect the ecological mechanisms of coexistence in freshwater green algae [J]. Ecology letters, 2013, 16: 1373-1381.

[26] SAAVEDRA S, ROHR R P, BASCOMPTE J, et al. A structural approach for understanding multispecies coexistence [J]. Ecological monographs, 2017, 87: 470-486.

[27] TILMAN D. Resource competition and community structure [M]. Princeton: Princeton University Press, 1982.

[28] VAN DYKE M N, LEVINE J M, KRAFT N J B. Small rainfall changes drive substantial changes in plant coexistence [J]. Nature, 2022, 611: 507-511.

[29] VOLTERRA V. Variations and fluctuations of the number of individuals in an animal species living together [M]. New York: 1926.

[30] WEIGELT A, JOLLIFFE P. Indices of plant competition [J]. Journal of ecology, 2003, 91: 707-720.

[31] ZHAO L, ZHANG Q G, ZHANG D Y. Evolution alters ecological mechanisms of coexistence in experimental microcosms [J]. Functional ecology, 2016, 30: 1440-1446.

第 2 章
入侵植物的"新奇武器"及生态影响

2.1 外来入侵植物化感作用的生物测定

2.1.1 实验目的

学习植物化感作用的测定方法(用植物水提液进行生物测定、入侵地土壤浸提液进行生物测定),通过对比分析入侵植物与本地植物的化感作用,验证认识外来植物能够成功入侵的"新奇武器"假说(novel weapons hypothesis)。掌握测定化感作用的理论基础与测定原理,掌握相关测定技术与程序。

2.1.2 相关理论

2.1.2.1 植物化感作用简述

植物化感作用是用来表述植物(或称供体和受体)之间通过化学物质进行相互作用的关系,并根据希腊词语"*allelon*"(相互地)和"*pathos*"(忍受)组成"*allelopathy*"一词来描述化感作用(Rice,1984)。后来在此基础上强调了化感物质的作用方式可能有"直接"和"间接"两种,提出将化感作用"有益"的方面加入化感定义中(Rice,1984)。目前,植物化感作用普遍被接受的定义为:一种植物(无论是有生命的个体还是死亡的残体)通过一些途径向周围环境中释放特定的化学物质,进而直接或间接地对邻近或者后续的同种或异种植物的萌发和生长产生影响,并且这种影响大多数情况下为消极的抑制作用(孔垂华等,2016)。因此,植物化感作用包括种内和种间的相互作用,它有很多别称,如异株克生作用、他感作用、互感作用等。此处,种内的化感相互作用又被称为自毒作用(autotoxicity),即植物通过释放化学物质对同种植物生长产生抑制作用（Putnam，1985），这种自毒作用被认为是产生连作障碍的重要原因。

2.1.2.2 入侵植物的"新奇武器"假说

"新奇武器"假说揭示了外来植物成功入侵的机制之一，是基于种间化学关系解释外来种入侵的假说。本地植物对外来入侵植物分泌释放出来的化感物质非常敏感，且这些化感物质能够抑制本地植物的种子萌发和植株生长，从而有利于外来入侵植物的生长，有利于其成功入侵（Callaway and Ridenour，2004）。

"新奇武器"假说强调外来入侵物种独特的生物化学成分有助于它们的成功入侵（Thorpe et al.，2009；Kim and Lee，2011）。更具体地说，一些入侵种的成功入侵被归因于其产生的生物化学物质，而这些化学物质之前并未在被入侵生态系统或被入侵地范围内出现过，本地植物并不适应这些入侵植物释放的新奇的化学物质，这些化学物质会抑制本地植物的生长，进而有利于外来植物的入侵，成为它们成功入侵的"新奇武器"。

2.1.2.3 植物释放化感物质的途径

植物在生长过程中，会通过多种方式释放化感物质（图2-1），主要包括植物体根系的直接分泌、凋落物的腐解、地上部分所产生的化感物质自然挥发，以及植物体所产生的化感物质通过雨雾淋溶进入周围环境。植物通过多种途径释放的化感物质可直接或间接地作用于受体植物。

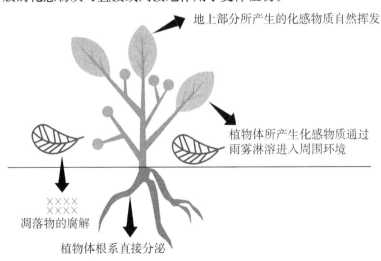

图2-1 植物化感物质释放的途径（刘傲 绘制）

2.1.3 实验原理

植物在生长过程中会产生各种代谢物,这些代谢物有些具有较强的水溶性,有些则不易溶于水而具有较强的挥发性。通过提取植物组织的水浸液或采集植物组织的挥发油来进行植物化感作用的生物测定。因为测定特定植物的化感作用会随着受试物种的不同而产生巨大的变化(Hierro et al.,2003)。所以,通常选择对化感作用敏感的模式植物作为化感作用的标准受体,用它们的种子进行种子萌发与幼苗生长的实验。常用的受体植物有白菜、萝卜、莴苣等。通过对标准受体进行生物测定可以初步判定其基本的化感作用强度。

2.1.4 实验材料

(1) 材料:白菜、萝卜和莴苣为标准受体。
(2) 试剂:乙酸乙酯、蒸馏水。
(3) 器材:锥形瓶、纱布、滤纸、容量瓶、移液器、滤膜、摇床、离心机、超声清洗仪、烘箱或旋转蒸发仪等常用仪器。
(4) 化感物质浸提液的制备:化感物质浸提液的制备通常是将植物组织(或土壤)与溶剂按一定比例充分混合浸提,过滤所得滤液就是包含化感物质的浸提液。制备浸提液的溶剂通常有水和有机溶剂,常用的有机溶剂有乙酸乙酯、乙醇等。

A. 植物组织的浸提液。包括植物各器官或各组织(如根、叶片、种子、表皮等)的(如水、有机溶剂)浸提液。于野外采集所需植物的以凋落叶和少量枯枝为主的新鲜凋落物,自然风干后称取 50 g,用 500 mL 蒸馏水或有机溶液浸泡振荡一定时间(通常为 24 h 或 48 h)后过滤,滤液即为化感浸提液的母液(0.1 g/mL),于 4 ℃中保存,后期根据实验需求,稀释到一定的浓度进行实验处理。

B. 入侵地根际土壤的浸提液。植物所产生的各种代谢物部分会进入到土壤,通过土壤来对其他植物产生化感作用(Bais et al.,2003;Hierro et al.,2003)。因此,通过采集植物土壤(根际土或根围土)来制备土壤浸提液,能够了解该植物释放到土壤的化感物质对受体植物的化感作用。

取新鲜的根际土壤 200 g 按 1∶2 的比例浸泡于烧杯中充分振荡后静置过夜,随后,离心(3500×g①,25 ℃,10 min)后取上清液过滤(0.37 μm 滤

---

① g 为离心力,$g = r \times 11.18 \times 10^{-6} \times (r/min)^2$。其中,$r$ 为有效离心半径。

膜），得到相当于当归根际土 500 mg/mL 的浸提母液，于 4 ℃ 中保存。

（3）植物挥发性化感物质的浸提液。以供体的鲜叶为原料，采用水蒸气蒸馏法提取挥发油，随后用无水 Na_2SO_4 除去水分，大多为淡黄色具有强烈芳香味的挥发油，测量其密度后于 4 ℃ 保存备用。其中，水蒸气蒸馏法如下：切碎叶片（250 g），与蒸馏水等比混合在圆底烧瓶中煮沸 3 h，同时，从冷凝器的喷嘴收集挥发油，用无水 Na_2SO_4 干燥后，储存在 4 ℃，用于鉴定和生物测定。

2.1.5 实验步骤

2.1.5.1 化感作用的生物测定（标准受体种子萌发）

受试植物的种子先用1%次氯酸钠溶液消毒 5 min，再用蒸馏水清洗 3～4 次。每培养皿分别放置受试植物种子 10～20 粒，加入制备好的浸提液 3～5 mL，用蒸馏水作对照。每种受试种子的各处理均设 5～10 个重复，于人工气候培养箱中培养。

每天观察记录种子的萌发数量（露白代表萌发），持续观测一周左右直到没有新的种子萌发，6～7 天测量芽长/苗高、根长。每天记录发芽数量时喷施各种水提液，浸润滤纸。

2.1.5.2 化感作用的生物测定（标准受体幼苗生长）

选取大小相似（生物量大致相同）的受体植物移栽到育苗杯（体积为 500～1000 mL）中，每个育苗杯装一株幼苗，适量浇水，放置 3 天待幼苗稳定（设置 8～10 个重复）。随后，将 10～20 mL 不同浓度的浸提液分别加至受体植物幼苗周围，每 3 天加液 1 次，观测植株的生长状况。

每隔 3 天随机将育苗杯移动 1 次，以避免位置不同所产生的差异。每 3 天测定每株幼苗的冠幅、株高、展叶率等生长指标，于实验接近结束时（收获季节），收获所有植物测定其生物量。

2.1.6 化感作用强度相关指标测算

$$种子萌发率（\%）= 发芽数/播种种子总数 \times 100\% \quad (2-1)$$

$$发芽指数(Grem.\ Index) = \sum \left(\frac{Gt}{Dt}\right) \quad (2-2)$$

其中，Gt 为逐天萌发种子数，Dt 为相应的萌发天数。

化感强度（芽长、根长）=（处理组－对照组）/对照组　　　（2－3）

化感强度（relative intensity）表示化感作用强度大小，正值表示促进效应，负值表示抑制效应，其绝对值大小反映化感作用的强弱。由于物种间种子萌发和生长参数差异很大，为便于比较，此处使用相对值（对照的百分比）表示发芽率、幼苗根长度及幼苗干重。

案例2-1　入侵植物微甘菊的化感作用

微甘菊（*Mikania micrantha*）为菊科假泽兰属多年生草质藤本植物，原产于中美洲和南美洲，现广泛分布于东南亚以及太平洋地区，在大洋洲也有分布，是危害经济作物和森林植被的主要害草。微甘菊所到之处，植物或是被其攀援、缠绕或覆盖，难以进行光合作用，或是被其重压、绞杀而死，因而被称为"植物杀手"，是世界上最具危害性的杂草之一。邵华等（2003）分别用微甘菊的地上部分、根部、枯枝叶，以及入侵地土壤的水提液，同时还采用有机溶剂进行化感物质的提取，系统研究了微甘菊的化感作用。

1. 实验材料

（1）微甘菊提取液：采集微甘菊植物组织，将采集的新鲜植物枝叶、根系自然风干，粉碎后称取5 g，加入100 mL蒸馏水，浸泡24 h后过滤。配制成浓度为0.05 g/mL的水提液，测定pH，然后用2 mol/L的NaOH和HNO_3溶液调整pH至6.0左右。

（2）入侵地土壤提取液：采集微甘菊表层土壤样品，在附近空白地区采集表层土壤为对照。按照1∶4的比例加入蒸馏水浸泡土壤，24 h后过滤。在直径9 cm的培养皿中铺上两层滤纸，加入5 mL地上部分、根系以及土壤的水提液，以蒸馏水为对照。

（3）受体植物：萝卜、黑麦草和白三叶。将它们的种子预先消毒。在每个培养皿中放置大小均匀的上述种子10粒，在培养间进行遮光培养。测定其发芽率、根长和苗高。

2. 实验结果

表2-1 微甘菊不同部位提取物的化感抑制作用

化感途径	萝卜			黑麦草			白三叶		
	发芽率	根长/cm	苗高/cm	发芽率	根长/cm	苗高/cm	发芽率	根长/cm	苗高/cm
蒸馏水	100%	6.66	3.81	65%	2.71	1.42	95%	1.15	2.71
地上部分水提取液	100%	3.07**	1.95**	52%	0.6**	0.63	60%	0.4**	0.69**
根系水提取液	80%	1.74**	2.17**	60%	1.28	1.14	65%	0.51*	1.04**
枯枝叶水提取液	100%	5.87	4.74	74%	2.25	1.78	75%	0.75	1.77
地上部分石油醚提取液	90%	4.31**	2.94	85%	2.31	1.52	80%	1.02	1.67**
地上部分乙酸乙酯提取液	100%	0.44*	0.49**	28%	0.06*	0.11**	80%	0.12**	0.12**
地上部分乙醇提取液	100%	3.78*	3.74	75%	1.54	1.69	76%	0.55*	1.77*
土壤水提取液	100%	7.43**	3.91	77%	3.1	1.9	70%	0.65	1.64
土壤对照水提取液	100%	4.54	4.43	90%	2.92	2.22	80%	0.81	1.81

注：* 和 ** 分别表示与对照组进行 t 检验在5%和1%水平上的差异显著性。

表2-1的结果表明，微甘菊提取物对受体种子的总发芽率和发芽速度都有影响，各部分提取物对萝卜种子的发芽率影响都不大，但是对黑麦草的影响比较明显，乙酸乙酯提取物使黑麦草的发芽率降低到28%，地上部分提取物对黑麦草的抑制作用很小，其余各部分的提取物对黑麦草的发芽率都略有提高作用。此外，白三叶的发芽率普遍降低，地上部分提取物处理下的种子发芽率降至60%，乙酸乙酯提取物处理下的发芽率降至80%。

微甘菊地上部分的水提液和乙酸乙酯提取物对3种受体植物幼苗生长的抑制作用都达到极显著水平，乙酸乙酯的提取物对3种植物的根长、苗高都有严重的影响，其对三者的综合抑制率分别达到92%、96%和94%。微甘菊根系的水提液对萝卜和白三叶的生长都有显著影响，但是对黑麦草的影响未达到显著；微甘菊枯枝叶的水提液对3种植物的影响均不明显；微甘菊地上部的石油醚提取物仅对萝卜的根长和白三叶的苗高有显著作用；乙醇提取物也是仅对萝卜的根长和白三叶的根长、苗高有显著抑制作用，对黑麦草的影响并不明显。

土壤提取液与对照相组比，除对萝卜根长的促进作用达到明显外，对其他植物并没有影响。

案例2-2　入侵植物凋落物的化感作用

肿柄菊（*Tithonia diversifolia* A. Gray），别名臭菊、树菊、金光菊、太阳花等，是菊科（Asteraceae）肿柄菊属（*Tithonia*）一年生草本植物，原产墨西哥及中美洲地区，曾作为绿肥和观赏植物在亚洲、非洲、大洋洲和北美洲的许多国家和地区广泛引种，在我国广东、广西、云南、海南、福建等省（自治区、直辖市）也曾作为观赏植物种植。肿柄菊因其根系发达，繁殖力强，适应性强，扩散快，逃逸后可对入侵地的生态环境造成严重危害，是一种具有较大潜在危害性的外来植物。凋落物在生态系统中具有重要的生态学意义：一方面，凋落物分解后可增加土壤有机质，促进植物的生长；另一方面，凋落物在分解过程中可向环境中释放化感物质，抑制植物的生长，为自身生长及入侵创造良好的环境。

采集肿柄菊的叶片凋落物晾干备用。称取20 g凋落叶片置于500 mL三角瓶中，加200 mL蒸馏水，室温浸提48 h，获得0.1 g/mL的凋落叶水浸提液。浸提液经二次过滤，将母液用蒸馏水稀释为试验所需的0.05 g/mL和0.025 g/mL凋落叶水浸提液后于4 ℃保存备用。以黑麦草（*Lolium perenne* L.）、高羊茅（*Festuca elata* Keng ex E. Alexeev）和高丹草［*Sorghum sudanense*（Piper）Stapf.］为常用杂草受体植物。

将预先催芽的受体植物种子用0.5% $KMnO_4$ 溶液消毒8 min，用蒸馏水冲洗2~3次。在直径为9 cm的玻璃培养皿中放入2层滤纸，分别加入5 mL的肿柄菊叶片凋落物水浸提液，对照组中加入等量的蒸馏水。在每个培养皿中放入20粒受体植物的种子后置于光照培养箱中，后期测量受体植物的苗高和根长。结果如表2-2至表2-4所示。

第2章 入侵植物的"新奇武器"及生态影响

表2-2 肿柄菊叶片凋落物水浸提液的化感作用——根长

质量浓度/ ($g \cdot mL^{-1}$)	幼苗根长/mm		
	黑麦草（L. pernne）	高羊茅（F. elata）	高丹草（S. sudanense）
0	59.1 ± 8.5b	54.6 ± 14.7b	54.0 ± 12.5b
0.025	66.0 ± 6.5a	59.8 ± 10.3a	61.1 ± 13.6a
0.05	36.4 ± 4.0c	42.3 ± 13.3c	33.2 ± 7.4c
0.1	25.1 ± 5.9d	35.5 ± 9.1d	25.8 ± 11.7d

注：同列不同字母表示不同浓度水浸提液的影响差异显著（$P < 0.05$）。

表2-3 肿柄菊叶片凋落物水浸提液的化感作用

质量浓度/ ($g \cdot mL^{-1}$)	幼苗苗高/mm		
	黑麦草（L. pernne）	高羊茅（F. elata）	高丹草（S. sudanense）
0	66.9 ± 4.5b	41.9 ± 9.6b	37.1 ± 8.9b
0.025	73.4 ± 6.0a	47.6 ± 8.8a	41.1 ± 6.1a
0.05	54.5 ± 7.2c	34.9 ± 8.9c	30.0 ± 5.5c
0.1	44.2 ± 7.3d	30.4 ± 9.9d	25.5 ± 6.0d

注：同列不同字母表示不同浓度水浸提液的影响差异显著（$P < 0.05$）。

表2-4 加入肿柄菊叶片凋落物的土壤对黑麦草、高羊茅和高丹草生物量的影响

质量浓度/ ($g \cdot kg^{-1}$)	杂草生物量/g		
	黑麦草（L. pernne）	高羊茅（F. elata）	高丹草（S. sudanense）
0	4.6 ± 1.3a	3.2 ± 1.1a	15.7 ± 1.8a
10	4.9 ± 0.7ab	2.9 ± 0.5ab	16.6 ± 1.6a
30	4.0 ± 1.2b	2.7 ± 0.6b	13.0 ± 1.0b
50	2.9 ± 0.8c	2.0 ± 0.5c	10.9 ± 1.2c

注：同列不同字母表示不同浓度水浸提液的影响差异显著（$P < 0.05$）。

结果表明，肿柄菊叶片凋落物水提液对3种受体植物的生长具有显著的化感作用，低浓度水提液对3种受体植物的幼苗生长有显著促进作用，而随着水

提液浓度的增加则表现为抑制作用。当水提液浓度为 0.1 g/mL 时，肿柄菊对高丹草幼苗根长和黑麦草幼苗苗高的抑制作用最强，化感效应指数分别为 -52.2% 和 -33.9%（李军、王瑞龙，2015）。实验结果证明肿柄菊可通过其叶片凋落物的化感作用为其自身的生存及入侵创造有利条件。

案例2-3 入侵植物小飞蓬化感物质的释放途径

高兴祥等（2010）研究了入侵植物小飞蓬（*Conyza canadesi* L.）全株水浸提物、茎叶淋溶物、根系分泌物及残体土壤分解物对萝卜（*Raphanus sativus* L.）、黄瓜（*Cucumis sativus* L.）、马唐［*Digitaria sanguinalis*（L.）Scop.］、油菜（*Brassica campestris* L.）和小麦（*Triticum aestivum* L.）的化感效应，同时在温室内以土壤为载体通过盆栽植物浇灌的方法测定了小飞蓬茎叶淋溶物和根系分泌物对盆栽植物生长的影响。

1. 实验材料

将小飞蓬全株采回，先用清水洗净泥土，室内自然晾干后，剪成 2 cm 小段，称取 50 g 置于棕色玻璃瓶中，加入 40 倍水浸泡，期间间或震荡，72 h 后经超声波处理 20 min 然后抽滤，滤液即小飞蓬地上部水浸提物，置 0～4 ℃中冷藏备用。

2. 化感溶液的制备

（1）小飞蓬茎叶淋溶物。在温室内以盆栽株高 30 cm 左右的小飞蓬植株作为淋溶物供体，用小型手动喷壶盛装清水，均匀淋洗供体小飞蓬茎叶表面，每 3 天进行 1 次，每次每盆淋溶 200 mL，每次淋溶 5 盆，用托盘收集淋溶液 900 mL，即得小飞蓬茎叶淋溶物，储于棕色玻璃瓶中备用。

（2）小飞蓬根系分泌物。以盆栽株高 30 cm 的小飞蓬植株作为淋溶物供体，用小型手动喷壶盛装清水，浇灌供体小飞蓬根部土壤，每 3 天进行 1 次，每次每盆浇灌 500 mL 清水，每次淋溶 5 盆，用托盘收集淋溶液 900 mL，过滤后储于棕色玻璃瓶中，即得小飞蓬根系分泌物。

（3）小飞蓬残株土壤分解物。小飞蓬植株茎叶洗净晾干，称取 4 份，每份 50 g，剪成 2 cm 小段，用网袋分解法把鲜材料用网眼为 1 mm×1 mm 塑料网袋埋于 10 cm 深土壤中埋土分解，将分解不同时间（1 天、5 天、10 天、20 天）的小飞蓬残体用 4 倍鲜重（200 mL）的蒸馏水在 18～20 ℃下浸提 24 h 后过滤，滤液即为小飞蓬残体土壤分解物。

3. 测定方法

（1）室内生物测定。

采用种子萌发法，以滤纸为载体研究小飞蓬水浸提物、茎叶淋溶物、根系分泌物和残株土壤分解物对种子萌发及生长的影响。将蒸馏水设为对照，在培养皿（$d=9$ cm）中加入 10 mL 待测物，混合均匀后盖上 2 层滤纸，然后放入 15 粒受体种子。所有处理均重复 3 次，放在（26 ± 1）℃恒温箱中黑暗培养，96 h 后测量受体种子的幼苗根长和幼苗苗高等数据。

（2）温室盆栽生物测定。

以土壤为载体在温室内测定小飞蓬茎叶淋溶物和根系分泌物对受体株高和干、鲜重的影响。在玻璃温室中进行实验材料的培养，将定量的萝卜、黄瓜、马唐、油菜和小麦种子分别播于直径为 8 cm 的塑料盆中，待幼苗出土后用小飞蓬茎叶淋溶物和根系分泌物代替清水分别浇灌，清水组为空白对照组，重复 3 次。20 天后测量受体株高及干鲜重。

4. 实验结果

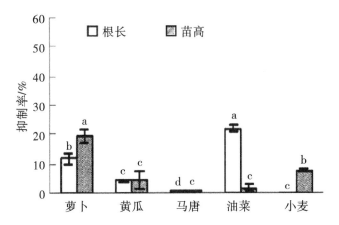

图 2-2 小飞蓬茎叶淋溶物对受体的抑制率

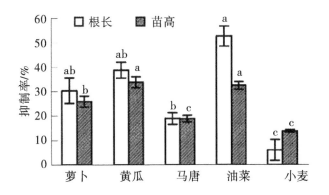

图 2-3 小飞蓬根系分泌物对受体的抑制率

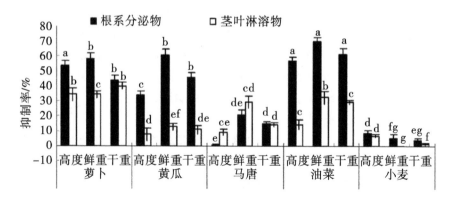

图2-4 小飞蓬茎叶淋溶物和根系分泌物对受体生长的影响比较

结果表明（图2-2至图2-4），小飞蓬不同组织的水浸提物对5种受体植物和幼苗生长均有较强的抑制作用；茎叶淋溶物、根系分泌物和残体土壤分解物对受体种子的生长抑制作用不同，根系分泌物的抵制作用高于茎叶淋溶物（高兴祥等，2010）。

2.2 外来入侵植物与丛枝菌根真菌

2.2.1 实验目的

通过与本地植物丛枝菌根真菌（arbuscular mycorrhizal fungi，AMF）侵染率的对比，了解常见外来入侵植物的AMF侵染率，并掌握常用测定方法。

2.2.2 相关理论

2.2.2.1 丛枝菌根真菌与植物的共生

丛枝菌根真菌在土壤中广泛分布，能与80%的植物根系共生形成菌根（Smith and Read，2008），是一类专性活体营养共生菌（王幼珊等，2012）。植物可以通过位于表皮或根毛中的转运体来吸收N、P等养分元素，但是容易受到根长限制，形成养分耗竭区，而AMF则可以利用其分布广泛的外生菌丝来帮助植物在更大的土壤范围内吸收获取养分（Hodge and Fitter，2010；Bücking and Kafle，2015；Keyes et al.，2022）。同时植物将光合产物分配给AMF，实现二者的共存（Hartmann and Trumbore，2016）。除帮助植物吸收养分外，AMF 还可以提高植物生产力、抗旱性、对盐胁迫的耐受力、对重金属毒害的抵抗力，以及对病原菌的抵抗力等（图 2-5）（Jacott et al., 2017）。此外，AMF 会改变植物根系构型，如根长、比根长、侧根分支等（Gutjahr and Paszkowski, 2013；Wu et al., 2013）。由此可见，AMF 对植物的生长至关重要。

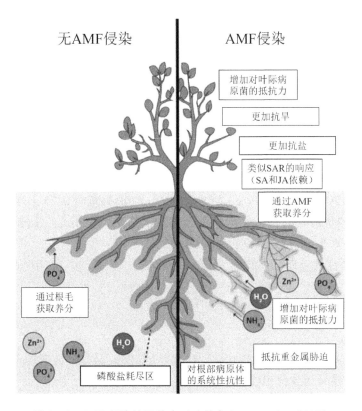

图 2-5　AMF 侵染的正效应（改绘自 Jacott et al., 2017）

2.2.2.2　丛枝菌根真菌与入侵植物的相互作用

当外来入侵植物到达入侵地后，大多数外来入侵植物都能迅速与当地 AMF 结合，破坏本地植物与 AMF 的共生关系（Chen et al., 2020），改变本地植物 AMF 群落组成结构，并降低入侵地土壤和本地植物根系中的 AMF 多样性（Řezáčová et al., 2021）。而 AMF 会通过改变入侵植物与本地植物的竞争关系，从而影响入侵（Cheng et al., 2019；祁珊珊等，2020）。因此，AMF 对外来入侵植物的生长和入侵进程起到十分重要的作用（祁珊珊等，2020）。

通过侵染测定能直观看到 AMF 真菌侵染根系及菌丝、丛枝、泡囊这些侵染单元在根内的发育状况，侵染率是评价外来入侵植物与 AMF 共生状况的指标之一（杨康等，2019）。

2.2.3 实验原理

用 10% KOH 溶液除去根部皮层细胞中的细胞质。正常活细胞的细胞膜结构完整，细胞不被染色，而染液能够渗透菌丝、丛枝及泡囊结构，颜色反差对比使镜检更加清晰。

2.2.4 实验材料

（1）材料：植物根系。在野外采集几种外来入侵植物及本地植物的根系，或者采集前期种植的外来入侵植物与本地植物的根系，带回实验室备用。

（2）试剂：10% KOH 溶液、5% 醋酸溶液、台盼蓝染液（乳酸、甘油和蒸馏水按 1∶1∶1 比例混合，每 100 mL 混合液中加入台盼蓝粉末 0.05 g）、甘油明胶（水 20 mL，明胶 10 g，甘油 70 mL，加麝香草酚 0.25 g，40 ℃ 水浴融化混匀）、脱色液（甘油、乳酸、蒸馏水比例为 1∶1∶1）、5% 醋酸墨水染色液（纯蓝墨水 5 mL 加入 5% 的醋酸 95 mL）。

（3）器材：手套、一次性滴管、培养皿、试管、剪刀、镊子、载玻片、显微镜。

2.2.5 实验步骤

（1）洗根、剪根：将植物根样洗净，选取根尖部分，剪成约 1 cm 长度的根段，每个样品至少剪 40 段细根。

（2）透明：将选取的根段放入试管中，加入 10% KOH 溶液浸没根段，在 90 ℃ 水浴锅中加热 40～60 min（对于难以透明的根段可以在 121 ℃、1 个大气压下高压灭菌 15 min）。加热结束后，用吸管吸去 KOH，清水轻轻漂洗根样数次，至水不呈黄色即可，控干水分，将根放回试管中。

颜色较深的根需清洗后，在根中加入碱性过氧化氢溶液（3 mL NaOH 溶液 + 30 mL 10% H_2O_2 溶液 + H_2O 至 600 mL），室温下脱色。再按上述方法清洗，控干水分，放回试管中。

（3）酸化：向试管中加入 5% 的醋酸溶液，浸泡 5 min，随后用滴管吸去醋酸，清水轻轻漂洗根样数次。

（4）染色：①墨水染色法：加入墨水染色剂浸没根段，90 ℃ 水浴锅中加热 30 min。②台盼蓝染色法：加入台盼蓝染液浸没根段，90 ℃ 水浴加热 30 min。

(5) 脱色：用吸管吸去染液，清水轻轻漂洗数次，至试管中水变透明即可。随后倒入一次性培养皿中，加入脱色液浸没根段，隔夜脱色效果更佳。

(6) 制片：用镊子将脱色后的根段取出，整齐地排列在干净的载玻片上，一张载玻片上放 10 个根段（数量视情况而定）。滴加甘油明胶后盖上盖玻片，用拇指轻轻挤压，同时除去其中多余的气泡，抹去多余的甘油明胶。

(7) 镜检及计数：在光学显微镜下用 10 倍或 40 倍物镜观察菌丝、丛枝和泡囊结构。每块玻片观察 50 个视野，每个样品共观察 100 个视野。

2.2.6 结果计算

$$侵染率（\%）= 含有菌根侵染的视野数/总视野数 \times 100\% \quad (2-4)$$

案例 2-4 入侵植物紫茎泽兰与丛枝菌根真菌的相互作用

紫茎泽兰（*Ageratina adenophora*）为菊科多年生半灌木状草本植物，是世界性入侵杂草，原产于南美洲，现已广泛分布于热带、亚热带地区。紫茎泽兰于 20 世纪 40 年代传入我国，现已在云南、贵州、广西、四川、重庆等地区广泛分布，因其竞争排挤当地植物很快形成单种优势群落，导致生态系统功能退化，并对农、林、畜牧业生产造成了严重经济损失。

外来植物与入侵地土壤 AMF 互作及反馈是许多入侵植物入侵成功的重要原因之一。为了探究 AMF 在入侵植物紫茎泽兰在与本地植物竞争过程中的作用，李靖等（2016）测定了 2 种植物的 AMF 侵染率和 AMF 含量。选择 2 种生境的紫茎泽兰单优群落生长区和本地植物群落生长区，采集紫茎泽兰和本地植物的须根及根围土，将土壤过筛后用于 AMF 含量的测定。同时进行温室盆栽反馈试验，测定植物生物量，植物须根清洗干净用于测定根系 AMF 侵染率。结果见表 2-5 和表 2-6。

由表 2-5 可以看出，林下生境和林地边缘生境的紫茎泽兰单优生长区比本地植物群落生长区的根系 AMF 侵染率分别显著增加 199% 和 316%；AMF 含量分别显著增加 34% 和 185%。（李靖等，2006）

表2-5 2种生境下紫茎泽兰根系AMF侵染率和AMF含量及其相关性

生境	群落	AMF侵染率/%	AMF含量/($\mu g \cdot g^{-1}$)	AMF侵染率与AMF含量的相关性		
				R^2	F	P
林下生境	AC	62.00±7.47a	5.34±0.44a	0.943	33.205	0.029
	NC	20.75±1.65b	3.99±0.28b	0.934	28.136	0.034
林缘生境	AC	42.50±5.33a	4.25±0.16a	0.927	25.578	0.037
	NC	10.21±1.46b	1.49±0.06b	0.945	34.196	0.028

注：平均值±标准误。不同字母表示同一生境下不同生长区各指标在5%水平上有显著性差异（one-way ANOVA；Fisher's LSD test）；相关性分析采用线性回归分析。AC：紫茎泽兰单优生长区；NC：本地植物群落生长区。

表2-6的结果显示，有AMF接种时，紫茎泽兰和香茶菜无论单种还是混种，生物量均显著增加。且在接种AMF处理中，紫茎泽兰的生物量均显著大于香茶菜的生物量，表明AMF显著增加了入侵植物紫茎泽兰对本地植物的竞争优势。接种AMF后，紫茎泽兰相对竞争优势度增加了41%，有利于促进紫茎泽兰的竞争性扩张。

表2-6 AMF对紫茎泽兰和香茶菜生长生物量的影响

处理类型	-AMF	+AMF	显著性	
			F	P
紫茎泽兰-单种	0.43±0.05aA	3.07±0.31bA	72.335	0.0040
香茶菜-单种	0.38±0.04aA	1.97±0.23bB	47.878	<0.0001
紫茎泽兰-混种	0.21±0.03aA	1.49±0.16bA	63.487	0.0370
香茶菜-混种	0.22±0.02aA	0.70±0.13bB	12.995	<0.0001

注：平均值±标准误。不同小写字母表示同一行中在5%水平上有显著性差异（one-way ANOVA，Fisher's LSD test）；不同大写字母分别表示同一列中同种种植方式（单种、混种）的不同种植物在5%水平上有显著性差异（one-way ANOVA, Fisher's LSD test）。

案例2-5 入侵植物与丛枝菌根真菌互作的磷依赖性

入侵植物与伴生的本地植物对不同种类的AMF具有不同的偏好性和依赖性。入侵植物能够改变其根系以及其邻近植物根系中AMF的组成和丰度。一方面，入侵植物能够获得更多来自AMF的好处；另一方面，入侵植物能够改变本地植物根系中AMF的构成，降低本地植物AMF侵染率，破坏本地植物与菌根真菌的共生关系，从而减少本地植物从AMF获得的好处。具有更高的AMF侵染率被认为是一些入侵植物比本地植物获得更多来自AMF好处的重要原因之一。

土壤磷浓度是影响AMF效应的重要因素之一。在磷缺乏的情况下，AMF能够帮助植物吸收磷元素，促进植物的生长；在磷充足的情况下，植物能通过根系直接获取磷元素，AMF对植物生长促进作用降低。为了探究磷浓度变化对植物与AMF共生关系的影响，Chen等（2020）选择了两对入侵植物和本地植物，设置3个磷浓度处理×2个灭真菌剂（添加或不添加）开展同质园种植实验。

（1）研究对象：两对入侵植物和本地植物，一对为假臭草（$Eupatorium\ catarium$）和华泽兰（$Eupatorium\ chinense$），另一对为三叶鬼针草（$Bidens\ pilosa$）和田菁（$Sesbania\ cannabina$）。假臭草和三叶鬼针草为中国华南地区的入侵植物，华泽兰和田菁为本地植物。

（2）磷处理：低磷浓度不添加NaH_2PO_4；中磷浓度每千克土壤添加97.3 mg NaH_2PO_4（即：每千克土含磷量增加20 mg）；高磷浓度每千克土壤添加387.1 mg NaH_2PO_4（即：每千克土含磷量增加100 mg）。

（3）AMF侵染率的测定：用台盼蓝（trypan blue）进行染色，并在显微镜（100~200倍）下观察计算根系侵染率。

如图2-6所示，磷浓度的主效应对4种植物根系的AMF侵染率没有显著影响，而添加灭菌剂则显著地降低了4种植物根系的AMF侵染率。添加灭菌剂后，4种植物根系的AMF侵染率少于8%。在不添加灭真菌剂的情况下，竞争的主效应（单种/混种）对2种入侵种的AMF侵染率没有显著影响，而对2种本地种的AMF侵染率有影响显著。在不添加灭菌剂的情况下，与单种相比，混种使2种本地植物的AMF侵染率下降约50%（Chen et al.，2020）。

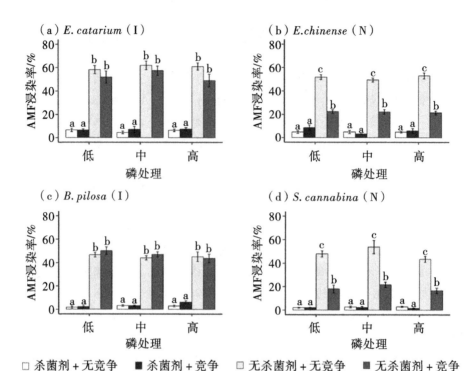

注：（I）和（N）分别表示入侵植物和本地植物。不同字母表示同一磷浓度不同处理之间有显著差异（$p<0.05$）

图2-6 假臭草（*E. catarium*）、华泽兰（*E. chinense*）、三叶鬼针草（*B. pilosa*）、田菁（*S. cannabina*）的AMF侵染率

如图2-7所示，磷浓度增加能够提高4种植物的总生物量，特别是从低磷浓度到中磷浓度时，植物的生物量增加明显。在非竞争的种植模式下（单种），添加灭真菌剂显著降低了低磷浓度处理下假臭草和华泽兰的总生物量；降低了中磷浓度处理和高磷浓度处理下田菁的总生物量；提高了高磷浓度处理的三叶鬼针草的总生物量。在竞争的种植模式下（混种），磷浓度与灭真菌剂的交互作用对于2种入侵植物（假臭草和三叶鬼针草）和2种本地植物（华泽兰和田菁）有不同效应。无论是否添加灭真菌剂，磷浓度增加均有利于提高2种本地植物在竞争模式下（混种）总生物量；而对于2种入侵植物，只有在添加灭真菌剂时，磷浓度增加才提高2种入侵植物在竞争模式下（混种）的总生物量；当不添加灭真菌剂时，入侵植物在竞争模式下（混种）的总生物量在中磷浓度处理下达到最高，在高磷浓度处理下生物量显著下降（Chen et al.，2020）。

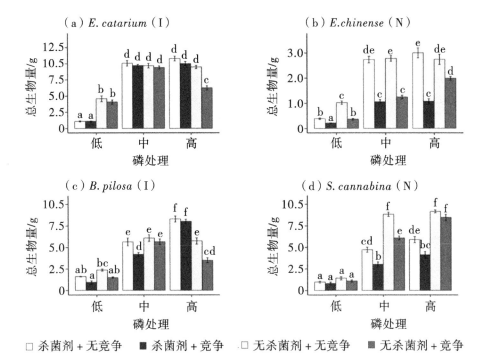

图 2-7 假臭草（*E. catarium*）、华泽兰（*E. chinense*）、
三叶鬼针草（*B. pilosa*）、田菁（*S. cannabina*）的总生物量

注：（I）和（N）分别表示入侵植物和本地植物。不同字母表示同一磷浓度不同处理之间有显著差异（$P<0.05$）。

案例 2-6 入侵植物与丛枝菌根真菌共生的氮吸收效应

土壤氮的可利用性以及 AMF 是影响外来植物成功入侵的两个重要因素。外来植物能够吸收利用不同形态的氮，增强其吸收利用氮的可塑性，提高自身的竞争优势；AMF 会帮助宿主植物吸收利用氮资源，AMF 更偏好吸收土壤中的 NH_4^+，且植物-AMF 共生关系受到土壤氮水平的调节。那么，土壤氮形态对植物根系 AMF 的侵染率有何影响，不同土壤氮形态条件下 AMF 对入侵植物与本地植物养分吸收与生长有何影响？为此，本例采用同质园种植实验探讨此问题。

（1）研究对象：选取华南地区常见且危害严重的 2 种外来入侵植物白花鬼针草（*Bidens pilosa* 或 *Bidens alba*）和飞机草（*Chromolaena odorata*），华南常见的两种本地植物鳢肠（*Eclipta prostrata*）和一点红（*Emilia sonchifolia*）。

(2) 氮处理：3 种氮形态（NO_3^-，NH_4^+，NO_3^-：NH_4^+ = 1：1），2 种氮水平（40 mg 氮/盆、120 mg 氮/盆），实验设计如图 2-8 所示。

(3) AMF 混合菌剂：选取 3 种 AMF 类群，它们是根内球囊霉（*Glomus intraradices*）、幼套近明球囊霉（*Claroideoglomus etunicatum*）和屏东无梗囊霉（*Acaulospora kentinensis*）。

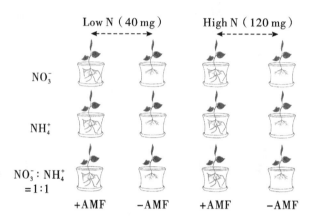

图 2-8　同质园种植实验设计

(4) AMF 侵染率测定：AMF 侵染率测定采用 5% 醋酸墨水溶液染色法。在解剖镜下放大 150 倍观察菌丝、丛枝、泡囊等结构，计算 AMF 侵染率。

计算公式：AMF 侵染率 = 含有菌根侵染的视野数 ÷ 总视野数 × 100%。

图 2-9 为接种 AMF 后 4 种植物在不同氮处理下的 AMF 侵染率。氮形态显著影响飞机草、鳢肠、一点红的 AMF 侵染率，而对白花鬼针草的无显著影响。氮水平显著提高了白花鬼针草、一点红的 AMF 侵染率。在高氮下，鳢肠在土壤 NO_3^- 处理下的 AMF 侵染率显著高于 NH_4^+ 处理下的 AMF 侵染率。对其余植物而言，不同氮形态间，植物 AMF 侵染率无显著差异。

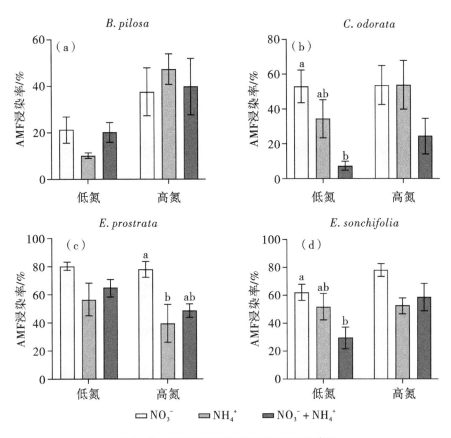

图 2-9 不同氮处理下植物的 AMF 侵染率

注：(a) 图为白花鬼针草 (*B. Pilosa*)，(b) 图为飞机草 (*C. odorata*)，(c) 图为鳢肠 (*E. prostrata*)，(d) 图为一点红 (*E. sonchifolia*)。3 种氮形态处理：只添加 NO_3^-，只添加 NH_4^+，同时添加 NO_3^- 和 NH_4^+（两者比例为 1∶1）。不同小写字母代表同一氮水平条件下不同氮形态处理间存在显著差异（$P<0.05$）。误差线为标准误（SE）。

图 2-10 的结果表明，AMF 和氮形态对入侵植物的总生物量均有显著影响。氮水平、AMF 和氮形态对飞机草的总生物量具有显著的交互作用，而它们对白花鬼针草的总生物量无显著的交互作用。在不接种 AMF 处理下，无论是低氮还是高氮水平，入侵植物在 3 种氮形态下的总生物量均不存在显著差异；接种 AMF 后，低氮水平下白花鬼针草的总生物量在 NO_3^- 处理下显著高于 NH_4^+ 处理，而高氮水平下，入侵植物的总生物量在 NO_3^- 处理下显著高于 NH_4^+ 处理。入侵植物到达新的栖息地后，能够更快地与土壤中 AMF 群落结合，并且比本地植物从菌根共生中获益更多，获得更大的生物量，挤占本地种的生态位，促进外来植物入侵。

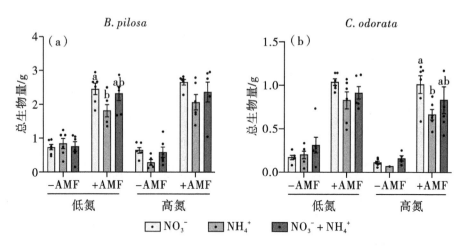

图 2-10 不同氮处理条件下 AMF 对植物总生物量的影响作用

注：(a) 图为白花鬼针草 (*B. Pilosa*)，(b) 图为飞机草 (*C. odorata*)。3 种氮形态处理：只添加 NO_3^-，只添加 NH_4^+，同时添加 NO_3^- 和 NH_4^+（两者比例为 1∶1）。不同小写字母代表同一氮水平及 AMF 处理下不同氮形态处理间存在显著差异（$P<0.05$）。误差线为标准误（SE）。

2.3 外来植物入侵对土壤养分的影响

2.3.1 实验目的

掌握土壤有机质、硝态氮与铵态氮含量的测定方法与入侵植物影响土壤养分的研究方法。本实验采集入侵地土壤样品，通过测定土壤有机质、硝态氮与铵态氮含量了解入侵植物对土壤养分的影响作用。

2.3.2 相关理论

植物入侵对全球生态系统造成了严重威胁，在外来入侵植物的影响下，土壤养分条件（养分水平和养分异质）会发生改变，不仅有机质含量发生了较大变化，而且氮的矿化速率也发生了变化，形成了更为充足的氮供应，在短期内有利于外来入侵植物的生长，使其竞争优势高于本地植物，从而加速外来植物入侵进程。

2.3.2.1 外来植物入侵对土壤碳循环的影响

作为生态系统的生产者,植物在初级生产和碳固存等碳循环过程中发挥着重要作用。然而,一些入侵植物具有高光合速率或快速生长等特性,可以取代本地植物。入侵改变的植物群落组成可能会影响入侵生态系统的初级生产力和碳固存(Ehrenfeld,2010)。在以往研究中,许多已发表的研究表明,植物入侵可改变生态系统碳通量,如植物光合作用、净初级生产力(net primary productivity, NPP)、土壤呼吸和生态系统净交换(net ecosystem exchange, NEE),最终可能导致土壤碳循环过程的变化。荟萃分析的结果也表明,入侵植物可以加速陆地生态系统的生态系统碳循环(Liao et al., 2008;Davidson et al., 2011)。

初级生产力代表碳和能量对生态系统的主要输入。Liao 等(2008)对生态系统进行的荟萃分析表明,随着入侵,初级生产力增加,包括地上净初级生产力(+83%)和凋落物产量(+49%)增加,从而相应地增加了地上植物(+133%)和地下碳库(+6%)大小。与本地植物相比,入侵植物可能具有更高的光合速率和生长速率,具体体现在其具有更高的资源利用效率、更低的叶片建成成本、更高的光适应性和更强的表型可塑性等方面。

土壤有机质是土壤的重要组成成分,与土壤的许多属性有关,是土壤肥力的一个重要标志。土壤有机质可分为腐殖质和非腐殖质。非腐殖质是死亡动植物组织和部分分解的组织,主要是糖类和含氮化合物。腐殖质是土壤微生物分解有机质时,重新合成的具有相对稳定性的多聚体化合物,其主要包括胡敏酸和富里酸,占土壤有机质总量的85%以上。腐殖质是植物营养的重要碳源和氮源。土壤中99%以上的氮素是以腐殖质的形式存在的。腐殖质也为植物生长提供所需的各种矿物养料。腐殖质中的胡敏酸还是一种植物生长激素,可促进种子发芽、根系生长,增强植物代谢活动。

土壤有机质的多少会影响土壤动物的分布与数量。在富含腐殖质的草原地带黑钙土中,土壤动物的种类和数量特别丰富,而荒漠与半荒漠地带,土壤动物种类趋于贫乏。土壤有机质对土壤团粒结构的形成、保水、供水、通气、稳温也有重要作用,从而影响植物生长。

学者们通常认为入侵植物可增加植物地上和地下碳库、土壤碳库和微生物碳库,但不同生态系统类型、不同的入侵植物种类造成的碳库变化的方向和幅度存在很大差异。研究结果表明,入侵植物能够改变土壤微生物群落,增加土壤微生物碳库,但关于土壤碳转化相关微生物及土壤碳降解胞外酶仍不清楚,Zhou 等(2019)的荟萃分析也表明,植物入侵对土壤碳分解酶的影响并不统一。虽然目前有关入侵植物与碳固存的研究逐渐增多，但对入侵生态系统中土壤碳动态及其相关的植物-土壤过程及物理环境改变的认知仍然有限，尤其是不同碳组分含量的变化以及土壤无机碳的变化不甚清楚，这使得我们无法概括土壤碳固存是如何随着植物入侵而改变的。

2.3.2.2 外来植物入侵对土壤氮循环的影响

外来植物除改变入侵生态系统植被结构、生产力及土壤性状外，它还影响着入侵生态系统的物质流动及养分循环（Ehrenfeld, 2003; Mack and D'Antonio, 2003）。氮作为植物生长的大量元素之一，对植物生态系统的发展演替等起决定作用，氮循环的许多过程被认为极易对外来植物的入侵产生响应（Vitousek et al., 1987; Evans et al., 2001; Mack et al., 2001; Ehrenfeld, 2003; Allison and Vitousek; 2004）。目前，探讨外来植物入侵影响其入侵地生态系统的氮素循环已成为全球生态学的研究热点之一。

外来入侵植物影响土壤氮循环主要通过2个途径：入侵植物可以通过改变凋落物的组成与结构去影响土壤氮转化过程，是因为氮循环与凋落物的分解和养分释放有关；外来入侵植物的化感作用也会影响土壤氮的转化过程，这与土壤微生物的结构与功能变化具有很大的关系。

许多研究结果表明外来入侵植物明显改变了土壤的硝化、矿化过程及土壤的氮水平。土壤氮循环过程主要包括植物对氮的吸收利用、枯枝落叶对土壤氮的输入、土壤微生物对氮的固定、土壤不同形态氮之间的转换、氮释放等过程。

总氮或全（态）氮包括硝态氮、亚硝（酸盐）态氮、铵态氮和有机态氮。硝态氮是指硝酸盐中所含有的氮元素，铵态氮是指以铵离子和氨两种具体形式存在的氮，如氨水、碳酸氢铵中的氮。土壤中的铵态氮经硝化微生物的作用会转化为硝态氮（图2-11）。

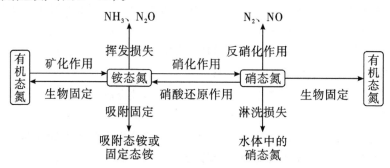

图2-11 土壤氮转化过程

多数研究结果表明，入侵植物凋落物的分解速率比本地植物凋落物的分解速率快，导致外来植物入侵会加快系统的养分循环速率，这主要与入侵植物凋落物的化学组成有关。原因是入侵植物凋落物含氮量往往比本地种的高，含氮量高的凋落物分解更快，所以其凋落物分解相对更快，凋落物的快速分解会使得植物体内氮的含量上升，植物体氮含量的上升又会进一步提高生态系统凋落物的氮含量，使生态系统的氮循环处于正反馈调节，称之为成"外来入侵植物—加快凋落物分解与养分释放—提高土壤氮可利用性—加剧入侵"的正反馈循环效应。而少数入侵植物凋落物分解速率比本地物种慢，进而减缓了入侵系统的养分循环，这可能与入侵植物凋落物的木质素含量和多酚含量高有关。例如，外来入侵植物 *Phragmites australis* 地上部分凋落物的分解速率比本地植物 *Spartina patens* 的慢。

外来入侵植物释放的化感物质对土壤氮素转化具有显著影响。例如外来入侵植物微甘菊水提液显著提高了土壤铵态氮（NH_4^+）、硝态氮（NO_3^-）含量和硝化速率，而入侵北美洲的外来植物矢车菊（*Centaurea stobe*）的根系分泌物儿茶素（catechin）显著降低了土壤的硝化速率；入侵北美洲的外来植物虎杖（*Polygonum cuspidatum*）凋落物中的单宁显著抑制了土壤的氮矿化作用。这主要是因为入侵植物释放的化感物质能够影响土壤微生物群落结构与功能。研究表明，植物释放的化感物质会影响氨氧化微生物的结构与活性，这是因为土壤微生物可以利用酚类物质作为碳源，微生物吸收的酚类物质能够刺激氨氧化细菌（ammonia-oxidizing bacteria，AOB）的活性，影响氨氧化微生物的结构与活性，进而影响土壤的氮素转化过程（氨氧化微生物是影响土壤硝化作用的限速因子）。

2.3.3 实验原理

2.3.3.1 土壤有机质的测定

根据土壤表层有机质含量的多少将土壤分为有机质土壤（表层有机质含量>20%）和矿质土壤（表层有机质含量<20%）。

一般认为有机质中含碳58%，因此土壤有机质含量可以通过测定土壤有机碳含量来换算得出。通常用定量的重铬酸钾－硫酸溶液，在电砂浴加热条件下，使得土壤中的有机碳氧化，剩余的重铬酸钾用硫酸亚铁标准溶液滴定，并以二氧化硅为添加物作试剂空白标定，根据氧化前后养护剂质量差值，计算出有机碳量，再乘以系数1.724，即为土壤有机质含量。

$$2K_2Cr_2O_7 + 8H_2SO_4 + 3C \xrightarrow{\triangle} 2Cr_2(SO_4)_3 + 2K_2SO_4 + 3CO_2 + 8H_2O$$

$$K_2Cr_2O_7 + 6FeSO_4 + 7H_2SO_4 \longrightarrow Cr_2(SO_4)_3 + 3Fe_2(SO_4)_3 + K_2SO_4 + 7H_2O$$

用邻菲罗啉氧化还原指示剂来指示滴定终点,在反应过程中邻啡罗啉分子可与亚铁离子络合,形成红色的邻啡罗啉亚铁络合物,当遇到强氧化剂时,则变为淡蓝色的正铁络合物。滴定开始以重铬酸钾的橙色为主,滴定过程中出现了 Cr^{3+} 的绿色,与正铁络合物的淡蓝色混合,溶液呈现蓝绿色,当过量的重铬酸钾强氧化剂消耗完毕,硫酸亚铁过量半滴,溶液颜色呈现亚铁络合物的棕红色,表示已到滴定终点。

$$[Fe(C_{12}H_8N_2)_3]^{3+} + e^- \rightarrow [Fe(C_{12}H_8N_2)_3]^{2+}$$

氧化态(淡蓝色) 　　　　 还原态(棕红色)

由于不同土壤的有机质组成不同,含碳量也不同,按同一换算系数来计算会引起一些误差。目前人们越来越多地使用土壤有机碳含量,而不必计算土壤有机质含量。

2.3.3.2　土壤硝态氮与铵态氮的测定

1. 紫外分光光度法

土壤硝态氮测定一般采用紫外分光光度法。土壤浸出液中的 NO_3^-,在紫外分光光度计波长 210 nm 处有较高吸光度,而浸出液的其他物质,除 OH^-、CO_3^{2-}、HCO_3^-、NO_2^- 和有机质等外,吸光度均很小。将浸出液加酸中和酸化,即可消除 OH^-、CO_3^{2-}、HCO_3^- 的干扰。NO_2^- 一般含量极少,也很容易消除。因此,用校正因数法消除有机质的干扰后,即可用紫外分光光度法直接测定 NO_3^- 的含量。

待测液酸化后,分别在 210 nm 和 275 nm 处测定吸光度。A_{210} 是 NO_3^- 和以有机质为主的杂质的吸光度;A_{275} 只是有机质的吸光度,因为 NO_3^- 在 275 nm 处已无吸收。但有机质在 275 nm 处的吸光度比在 210 nm 处的吸光度要小 R 倍,故将 A_{275} 校正为有机质在 210 nm 处应有的吸光度后,从 A_{210} 中减去,即得 NO_3^- 在 210 nm 处的吸光度(ΔA)。

土壤铵态氮测定一般采用 2 mol/L KCl 浸提-靛酚蓝比色法。2 mol/L KCl 溶液浸提土壤,把吸附在土壤胶体上的 NH_4^+ 及水溶性 NH_4^+ 浸提出来。土壤浸提液中的铵态氮在强碱性介质中与次氯酸盐和苯酚作用,生成水溶性染料靛酚蓝,溶液的颜色很稳定。在含氮量在 0.05～0.5 mol/L 范围内时,吸光度与铵态氮含量成正比,可用比色法测定。

2. 连续流动分析仪测定

连续流动分析仪一般由采样器、泵、化学模块及数字比色计组成。采用空气片段连续流动分析技术,将样品和试剂在一个连续流动的系统中均匀混合,每个样品被均匀的气泡分割,以降低液体的扩散度及样品之间的交叉污染。标准溶液和样品通过采样器被蠕动泵吸出并流过整个系统,同时泵会连续不断地输送各个分析方法所需的试剂,并吸入空气将流体分割成片段,在同样条件下(包括时间、流动速度、温度、清洗比等),每个片段在混合圈中充分混合并发生反应生成有色化合物,通过检测器比色,最后将比色信号输入电脑,用软件进行数据处理并生成报告。

硝态氮测定:硝酸盐于碱性环境中在铜的催化作用下,被硫酸肼还原成亚硝酸盐,并和对氨基苯磺酰胺及 N-1-萘基乙二胺二盐酸反应生成的粉红色化合物,然后在 550 nm 波长下检测。溶液中加入磷酸是为了降低 pH,防止产生氢氧化钙和氢氧化镁。加入锌是为了抑制氧化物和铜的反应。

铵态氮测定:在连续流动、被气体切割的载体流中,样品中的铵在碱溶液中与次氯酸盐反应,生成的氯胺在硝普钠盐作催化剂、温度在 37～50 ℃ 条件下与水杨酸盐反应生成蓝绿色靛酚染料,这种染料可用分光光度计在 640～660 nm 定量测定。

2.3.4　实验材料

2.3.4.1　土壤有机质的测定

(1) 试剂:重铬酸钾、硫酸、硫酸亚铁、硫酸银(粉末状)、二氧化硅(粉末状)、邻菲啰啉指示剂。

A. 0.4 mol/L 重铬酸钾—硫酸溶液:称取重铬酸钾 39.23 g,溶于 600～800 mL 蒸馏水中,待完全溶解后加水稀释至 1 L,将溶液移入 3 L 大烧杯中,另取 1 L 比重为 1.84 的浓硫酸,慢慢地倒入重铬酸钾水溶液内,不断搅动,为避免溶液急剧升温,每加约 100 mL 硫酸后稍停片刻,并把大烧杯放在盛有冷水的盆内冷却,待溶液的温度降到不烫手时再加下一份硫酸,直到全部加完为止。

B. 重铬酸钾 $K_2Cr_2O_7$ 标准溶液 (0.2 mol/L):称取经 130 ℃ 烘 1.5 h 的优级纯重铬酸钾 9.807 g,先用少量水溶解,然后移入 1 L 容量瓶内,加水定容。

C. 硫酸亚铁标准溶液:称取硫酸亚铁 56 g,溶于 600～800 mL 水中,加浓硫酸 20 mL,搅拌均匀,加水定容至 1 L (必要时过滤),贮于棕色瓶中保存。此溶液易受空气氧化,使用时必须每天标定 1 次准确浓度。

D. 邻菲罗啉指示剂：称取邻菲罗啉1.490 g，溶于含有0.700 g硫酸亚铁的100 mL水溶液中。此指示剂易变质，应密闭保存于棕色瓶中备用。

（2）材料：移液管（5 mL、10 mL）、吸耳球、酸式滴定管（25 mL）与滴定架、小棕瓶+滴管（盛邻菲罗啉指示剂）、消煮管、三角瓶。

2.3.4.2 土壤硝态氮、铵态氮的测定

1. 紫外分光光度计比色法

（1）主要仪器设备：紫外可见分光光度计、电子天平、往复式或旋转式振荡机［满足（180±20）r/min的振荡频率或达到相同效果］、连续流动分析仪。

（2）试剂：

A. 2 mol/L KCl溶液：称取KCL（分析纯）149.1 g溶于水中，稀释至1 L。

B. 苯酚溶液：称取苯酚（分析纯）10 g和硝基铁氰化钠（硝普钠，有剧毒）100 mg，稀释至1 L。此试剂不稳定，须贮于棕色瓶中，在4 ℃冰箱中保存。

C. 次氯酸钠碱性溶液：称取氢氧化钠（分析纯）10 g、磷酸氢二钠（$Na_2HPO_4 \cdot 7H_2O$）7.06 g、磷酸钠（$Na_3PO_4 \cdot 12H_2O$）31.8 g溶于水中，量取52.5 g/L次氯酸钠（即含5%有效率的漂白粉溶液）10 mL加入，稀释至1 L，贮于棕色瓶中，在4 ℃冰箱中保存。

D. 掩蔽剂：将400 g/L的酒石酸钾钠（$KNaC_4H_4O_6 \cdot 4H_2O$）溶液与100 g/L的乙二胺四乙酸二钠（EDTA-2Na）盐溶液等体积混合。每100 mL混合液中加入10 mol/L氢氧化钠0.5 mL。

E. 2.5 μg/mL铵态氮（$NH_4^+ - N$）标准溶液：称取干燥的硫酸铵［$(NH_4)_2SO_4$，分析纯］0.4717 g溶于水中，定容至1 L，即配制成含铵态氮（N）100 μg/mL的贮存溶液。使用前将其加入水稀释40倍，即配制成含铵态氮（N）2.5 μg/mL的标准溶液备用。

F. 硝态氮标准贮备液［$\rho(N)=100$ mg/L］：准确称取经105～110 ℃烘2 h的硝酸钾（KNO_3，优级纯）0.7217 g溶于水，加水定容至1 L，存放于冰箱中。

G. 硝态氮标准溶液［$\rho(N)=10$ mg/L］：测定当天，吸10.00 mL硝态氮标准贮备液于100 mL容量瓶中，用水定容至100 mL。

（3）材料：250 mL三角瓶、50 mL容量瓶、200 mL的塑料瓶、滤纸、漏斗等。

2. 连续流动分析仪测定法

（1）主要仪器设备：连续流动分析仪（荷兰 SKALAR 公司 san++ 连续流动分析仪）（图 2-12）。由左向右依次为取样器、反应池（化学单元和检测器）、电脑端（数据采集和仪器控制）。

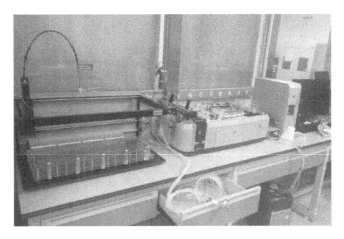

图 2-12　san++ 连续流动分析仪

A. 取样器：标准样品以及待测样品放置区，由电脑控制其自动取样。

B. 反应池：样品和试剂在化学单元自动混合，完成前处理，进入检测器检测。

C. 电脑端：进行仪器各步骤操作控制，数据通过转化器转化后的存储单元。

（2）试剂。

A. 硝态氮测定。

a. 缓冲溶液。称取 33 g 酒石酸钾钠（$C_4H_4O_6KNa \cdot 4H_2O$）溶于 800 mL 蒸馏水中，加入 24 g 柠檬酸钠（$C_6H_5O_7Na_3 \cdot 2H_2O$），溶解后用盐酸调 pH 至 5.2，定容至 1000 mL，加入 3 mL Brij35 摇匀（不用时放入冰箱，有效期为 1 周）。

b. NaOH 溶液。称 6 g NaOH 溶于 1000 mL 蒸馏水中，加入 3 mL Brij35 摇匀（放冰箱可保存一个月）。

c. 硫酸铜储备液。称 12 g $CuSO_4 \cdot 5H_2O$ 溶于 1000 mL 蒸馏水中。

d. 硫酸肼溶液。称取 1.8 g 硫酸肼（$N_2H_6SO_4$）溶于 800 mL 蒸馏水中，加入 1.7 mL 硫酸铜储备液混匀，定容至 1000 mL。

e. 显色剂。量取 75 mL H_3PO_4（85%）于 400 mL 蒸馏水中，加入 5 g 磺

胺（$C_6H_8N_2O_2S$）和 0.25 g N-1-奈基乙二胺盐酸盐，溶解后定容至 500 mL（用棕色瓶装，不用时放入冰箱，有效期为 2 周）。

f. 标准溶液的配制。

硝态氮标准储备液（50 mg/L N）：取 0.3034 g $NaNO_3$ 溶于 1000 mL 蒸馏水。

硝态氮工作标准（每天新鲜配制）：

S1 = 0.2 mg/L（0.4 mL 标准储备液用蒸馏水稀释至 100 mL）；

S2 = 0.4 mg/L（0.8 mL 标准储备液用蒸馏水稀释至 100 mL）；

S3 = 0.6 mg/L（1.2 mL 标准储备液用蒸馏水稀释至 100 mL）；

S4 = 0.8 mg/L（1.6 mL 标准储备液用蒸馏水稀释至 100 mL）；

S5 = 1.0 mg/L（2.0 mL 标准储备液用蒸馏水稀释至 100 mL）。

B. 铵态氮测定。

a. 缓冲溶液。称取 33 g 酒石酸钾钠溶于 800 mL 蒸馏水中，加入 24 g 柠檬酸钠溶解后用盐酸调 pH 至 5.2，定容至 1000 mL，加入 3 mL Brij35 摇匀（不用时放入冰箱，有效期为 1 周）。

b. 水杨酸钠溶液。称取 40 g 水杨酸钠（$C_7H_5NaO_3$）和 12.5 g NaOH，加入 500 mL 蒸馏水溶解（用棕色瓶装，有效期为 1 周）。

c. 硝普钠盐。称取 0.5 g 硝普钠盐 $\{Na_2[Fe(CN)_5NO]\cdot 2H_2O\}$ 溶于 500 mL 蒸馏水溶解（用棕色瓶装，不用时放入冰箱，有效期为 1 周）。

d. 三聚氰酸二氯钠或次氯酸钠溶液。称取 0.5 g 三聚氰酸二氯钠（$C_3N_3O_3Cl_2Na\cdot 2H_2O$）加入 250 mL 蒸馏水溶解。或量取 25 mL >5% 活性的次氯酸钠溶液，用水定容至 250 mL（用棕色瓶装，不用时放入冰箱，有效期为 1 周）。

e. 标准溶液的配制。

氨氮标准储备液：称取 3.819 g 无水 NH_4Cl 溶于蒸馏水中，并用水定容至 1000 mL，即为 1000 mg/L N 标准液。量取 10 mL 1000 mg/L N 标准液，并用蒸馏水定容至 100 mL，即为 100 mg/L N 标准储备液（每月配制 100 mg/L N）。

工作标准（每天新鲜配制）：

S1 = 0.4 mg/L（0.4 mL 标准储备液用蒸馏水稀释至 100 mL）；

S2 = 0.8 mg/L（0.8 mL 标准储备液用蒸馏水稀释至 100 mL）；

S3 = 1.2 mg/L（1.2 mL 标准储备液用蒸馏水稀释至 100 mL）；

S4 = 1.6 mg/L（1.6 mL 标准储备液用蒸馏水稀释至 100 mL）；

S5 = 2.0 mg/L（2.0 mL 标准储备液用蒸馏水稀释至 100 mL）。

2.3.5 实验步骤

2.3.5.1 土壤采样与前处理

采集外来植物入侵区域的根际土壤样品,以非入侵区域土壤作为对照样品,将采集的鲜土过10目土壤筛。部分土样风干后用于有机质的测定,部分鲜土放置冰箱保存,可用于土壤硝态氮、铵态氮的测定。

2.3.5.2 土壤有机质的测定步骤

1. 紫外分光光度法测定土壤硝态氮的步骤

(1) 浸提:称取 10.00 g 土壤样品放入 200 mL 塑料瓶中,加入 50 mL 氯化钙浸提剂,盖严瓶盖,摇匀,在振荡机上于 20～25 ℃振荡 30 min [180 ± 20 (r/min)],干过滤。吸取 25.00 mL 待测液于 50 mL 三角瓶中,加 1.00 mL 1:9 H_2SO_4 溶液酸化,摇匀。

(2) 标准曲线:分别吸取 10 mg/L $NO_3^- - N$ 标准溶液 0 mL、1.00 mL、2.00 mL、4.00 mL、6.00 mL、8.00 mL,用氯化钙浸提剂定容至 50 mL,即为 0 mg/L、0.2 mg/L、0.4 mg/L、0.8 mg/L、1.2 mg/L、1.6 mg/L 的标准系列溶液。各取 25.00 mL 于 50 mL 三角瓶中,分别加 1 mL 1:9 H_2SO_4 溶液摇匀后测 A_{210},计算 A_{210} 对 $NO_3^- - N$ 浓度的回归方程,或者绘制工作曲线。

(3) 用滴管将此液装入 1 cm 光径的石英比色槽中,分别在 210 nm 和 275 nm 处测读吸光值 (A_{210} 和 A_{275}),以酸化的浸提剂调节仪器零点。以 NO_3^- 的吸光值 (ΔA) 通过标准曲线求得测定液中硝态氮含量。空白测定除不加试样外,其余均同样品测定。

(4) NO_3^- 的吸光值 (ΔA):$\Delta A = A_{210} - A_{275} \times R$。

其中,R 为校正因数,是土壤浸出液中杂志(主要是有机质)在 210 nm 和 275 nm 处的吸光度的比值。

(5) R 的确定方法:A_{210} 是波长 210 nm 处浸出液中 NO_3^- 的吸光值 ($A_{210硝}$) 与杂质(主要是有机质)的吸收值 ($A_{210杂}$) 的总和,即 $A_{210} = A_{210硝} + A_{210杂}$。选取部分土样用酚二磺酸法测得 $NO_3^- - N$ 的含量后,根据土液比和紫外法的工作曲线,即可计算各浸出液应有的 $A_{210硝}$ 值,即可得出 $A_{210杂}$。

A_{275} 是浸出液中杂质(主要是有机质)在 275 nm 处的吸收值(因为 NO_3^- 在该波长处已无吸收),它比 $A_{210杂}$ 小 R 倍,即 $A_{210杂} = R \times A_{275}$,得出校正因数 $R = A_{210杂}/A_{275}$。

（各不同区域可根据多个土壤测定 R 值的统计平均值，作为其他土壤测试 $NO_3^- - N$ 的校正因数，其可靠性依从于被测土壤的多少，测定的土壤越多，可靠性越大。）

2. 紫外分光光度法测定土壤铵态氮的步骤

（1）浸提：称取相当于 10.00 g 干土的新鲜土样（若是风干土，过 10 目土壤筛）准确到 0.01 g，置于 250 mL 三角瓶中，加入氯化钾溶液 50 mL，塞紧塞子，在振荡机上振荡 1 h。取出静置，放置澄清后，将悬液的上部清液用干滤纸过滤，澄清的滤液收集于干燥洁净的三角瓶中。如果不能在 24 h 内进行，用滤纸过滤悬浊液，将滤液储存在冰箱中备用。

（2）比色：吸取土壤浸出液 2～10 mL（$NH_4^+ - N$，2～25 μg）放入 50 mL 容量瓶中，用氯化钾溶液补充至 10 mL，然后加入苯酚溶液 5 mL 和氯化钠碱性溶液 5 mL，摇匀。在 20 ℃左右的室温下放置 45 min 后，加掩蔽剂 1 mL 以溶解可能产生的沉淀物，然后用水定容至刻度。用 1 cm 比色槽在 625 nm 波长处（或红色滤光片）进行比色，读取吸光度（显色后放置 0.5 h 后，再加入掩蔽剂。过早加入会使显色反应很慢，蓝色偏弱；加入过晚则生成的氢氧化物沉淀可能老化而不易溶解）。

（3）工作曲线：分别吸取 0.0 mL、2.0 mL、4.0 mL、6.0 mL、8.0 mL、10.0 mL $NH_4^+ - N$ 标准液于 50 mL 容量瓶中，用氯化钾溶液补充到 10 mL，同（2）步骤进行比色测定。

2.3.5.5 连续流动分析仪测定土壤硝态氮与铵态氮的步骤

将土壤浸提后的滤液进行上机进样，分别测定土壤硝态氮、铵态氮的含量。

（1）硝态氮上机流程（以荷兰 SKALAR 公司 san ++ 连续流动分析仪为例）。

更换新的泵盖油，清洗盛装清洗水和涮洗水的烧杯并更换新鲜蒸馏水—开电脑—开数据转换器—开进样器—合上进样器两个小泵盖—放下空气拉阀—开反应池电源—合上内面大泵盖—将试剂管和取样器泵管放入清洗水（H_2O）中，5 min 后将试剂管放入对应的试剂中—打开软件（Ctrl + F12）—打开系统—点击【基线】，勾选分通道，点击【开始】，过 20 s 后，点击【峰形图】，查看基线状况—等待基线平稳—点击【停止】，去除勾选分通道，点击【是】—点击【控制】—进样器图标—更改进样时间为 50 s，冲洗时间为 70 s，OK—点击【方法】，点击硝态氮通道，OK—点击【校正】—输入校正曲线浓度或调用—保存，退出—点击【表格】，点击进样器图标—根据样品盘上所放样品编辑表格（注：至少每 10 个样品插入 1 个 wash—点击【分析】，勾选相应通道—点击【开始】—命名保存—20 s 后打开峰形图查看状态—待取样完毕，最后一个峰出现后跑回基线数据自动存盘——将试剂管取出并在涮洗水中荡洗后放入清洗水中清洗 20 min—拿出试剂管排掉所有清洗水—关软件及电脑—关数据转换器—关进样器—松进样器泵管—关反应池—关水浴—拉起空气拉阀，松开泵盖—清洗所有容器及进样瓶）。

（2）铵态氮上机流程（荷兰 SKALAR 公司 san ++ 连续流动分析仪）。

更换新的泵盖油，清洗盛装清洗水和涮洗水的烧杯并更换新鲜蒸馏水—开电脑—开数据转换器（听到警报声响）—开进样器—合上进样器两个小泵盖—放下主机空气拉阀—开加热电源—合上内面大泵盖—开氨氮专用加热器（S1 = 40 ℃，要先开后面电源开关）—将试剂管和取样器泵管放入清洗水（H_2O）中 10 min—将试剂管放入相应试剂中—10min 后打开软件（Ctrl + F12），打开系统—点击【基线】，勾选分通道，点击【开始】，过 20 s 后，点击【峰形图】，查看基线状况—等待基线平稳—点击【停止】，去除勾选分通道，点击【是】—点击【控制】—进样器图标—更改进样时间为 70 s，冲洗时间为 90 s，OK—点击【方法】，点击氨氮通道，OK—点击【校正】—输入校正曲线浓度或调用—保存，退出—点击【表格】，点击进样器图标—根据样品盘上所放样品编辑表格（注：至少每 10 个样品插入 1 个 wash—点击【分析】—勾选相应通道—点击【开始】—命名保存—20 s 后打开峰形图查看状态—待取样完毕，最后一个峰出现后跑回基线数据自动存盘—关闭加热器—取出所有试剂管涮洗后放入清洗水中 20 min 后走空气排掉所有清洗水—关软件—关数据转换器—关进样器—松进样器泵管—关反应池—拉起空气拉阀，松开泵盖—清洗所有容器及进样瓶）。

2.3.6 数据分析

2.3.6.1 土壤有机质含量的计算

$$土壤有机质（g/kg） = (V_1 - V_2) \times N \times 0.003 \times 1.724 \times 1.08 \times 1000/m$$

(2 – 5)

其中，V_1 为空白滴定用去还原剂硫酸亚铁的体积（mL）；V_2 为样品滴定用去还原剂硫酸亚铁的体积（mL）；N 为还原剂硫酸亚铁的浓度（0.2 mol/L）；1.08 为因有机质 92.6% 被氧化而乘的氧化矫正系数；1.724 为按有机质含碳 58%，由碳含量换算成有机质含量的系数；m 为土壤称样量（g）。

2.3.6.2 土壤硝态氮含量的计算

$$土壤硝态氮（mg/kg）= \frac{\rho(N) \cdot V \cdot D}{m} \qquad (2-6)$$

其中，$\rho(N)$ 为查标准曲线或求回归方程而得 $NO_3^- - N$ 的质量浓度（$mg \cdot L^{-1}$）；V 为浸提剂体积（mL）；D 为浸出液稀释倍数，或不稀释则 $D=1$；m 为土壤称样量（g）。

2.3.6.3 土壤铵态氮含量的计算

$$土壤铵态氮（mg \cdot kg^{-1}）= c \times V \times ts/m \qquad (2-7)$$

其中，c 为显色液铵态氮的质量浓度（$\mu g \cdot mL^{-1}$）；V 为显色液体积（mL）；ts 为分取倍数；m 为土样质量（g）。

2.3.7 注意事项

（1）土壤硝态氮含量一般用新鲜样品测定，如需以硝态氮加铵态氮反映无机氮含量，则可用风干样品测定。

（2）一般土壤中 NO_2^- 含量很低，不会干扰 NO_3^- 的测定。如果 NO_2^- 含量高时，可用氨基磺酸消除（$HNO_2 + NH_2SO_3H = N_2 + H_2SO_4 + H_2O$），它在 210 nm 处无吸收，不干扰 NO_3^- 测定。

（3）浸出液的盐浓度较高，操作时最好用滴管吸取注入槽中，尽量避免溶液溢出槽外，污染槽外壁，影响其透光性。

（4）大批样品测定时，可先测完各液（包括浸出液和标准系列溶液）的 A_{210} 值，再测 A_{275} 值，以避免逐次改变波长所产生的仪器误差。

（5）如需同时测定土壤 $NH_4^+ - N$，可选用 2 mol/L KCl 溶液或 1 mol/L NaCl 溶液制备待测液。但 2 mol/L KCl 溶液本身在 210 nm 处吸光度较高，因此同时测定土壤 $NH_4^+ - N$ 和 $NO_3^- - N$ 时，可选用吸光度较小的 1 mol/L NaCl 溶液为浸提剂。

（6）如果吸光度很高（$A > 1$）时，可从比色槽中吸出一半待测液，再加一半水稀释，重新测读吸光度，如此稀释直至吸光度小于 0.8。再按稀释倍数，用 $CaCl_2$ 浸提剂将浸出液准确稀释测定。

第2章 入侵植物的"新奇武器"及生态影响

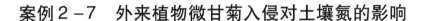

案例2-7 外来植物微甘菊入侵对土壤氮的影响

微甘菊入侵形成单优群落，在降低生物多样性的同时，也可能会改变土壤氮的可利用性。此外，微甘菊的强化感作用会抑制与其共生的本地植物的生长（邵华等，2003），微甘菊入侵还会改变土壤的微生物结构和活性（Ni et al.，2006），这种微生物性状的变化会进而影响系统的养分循环过程。然而，目前还不清楚微甘菊入侵是否会影响土壤供氮能力及氮的转化。为此，Chen等（2009）研究了微甘菊入侵对土壤氮转化的影响作用。

一、入侵地土壤样品的采集

在珠海市淇澳岛（N 22°24′，E 113°39′）采集微甘菊入侵地 0~20 cm 的土壤样品，同时采集邻近开阔区 0~20 cm 土样作为对照。

二、微甘菊水提物制备

在珠海采集微甘菊地上部新鲜组织，用来制作微甘菊水提物。将采集到的微甘菊茎叶于60℃下烘干，并将其粉碎。按植物组织与水为1:5的重量比，用水浸泡微甘菊24小时后过滤，以滤液为母液制作3种浓度（T_1：0.005 g·DW/mL，T_2：0.025 g·DW/mL 和 T_3：0.10 g·DW/mL）的微甘菊水提物。

三、实验设计

在鼎湖山森林生态系统定位研究站选取一片空地，将上层20 cm的土壤混合均匀，将该空地划分为16块（1 m×1 m），各块地之间埋入防雨布至50 cm深处用于防治后期喷洒的微甘菊水提物相互渗透。用制备好的3种浓度（T_1、T_2和T_3）微甘菊水提物处理土壤，喷洒0.5 L同一浓度的水提物于4块土壤，以喷洒等量蒸馏水作为对照。处理1个月后，再用同样的方法处理土壤一次，每次喷洒水提物后，用遮雨棚防雨2周，以免喷洒的水提物被雨水冲洗。80天后，采集土壤样品进行测定。

四、土壤硝态氮、铵态氮等的测定

采集的土壤样品，过10目土壤筛后即刻测定土壤水分含量，土壤水分采用105℃烘干法测定。同时，称取5 g新鲜土样，用50 mL 2 mol/L KCl振荡1 h后，过滤上清液，用连续流动注射分析仪测定，土壤NH_4^+和NO_3^-用每克土的N含量表示。土壤C、N含量用元素分析仪测定。

结果表明，与对照土样相比，微甘菊入侵显著提高了土壤的C、N含量及NH_4^+的含量（表2-7）。

表2-7 微甘菊土壤养分与氮素转化

土壤	碳含量/(g·kg^{-1})	总氮含量/(g·kg^{-1})	NO_3^-含量/(μg·ng^{-1})	NH_4^+含量/(μg·ng^{-1})
对照土壤	5.80±0.39	0.79±0.06	1.96±0.23	9.45±0.64
微甘菊入侵土	8.81±1.02	1.32±0.15	2.53±0.55	12.29±1.29
T	-4.874**	-6.515*	-1.900	-3.939*
P	0.010	0.013	0.131	0.014

注:每个处理采用4个重复。数值为平均值±SD。对照土壤(邻近开阔区取样土壤)与微甘菊土壤(微甘菊下取样土壤)之间的差异采用独立样本t检验。*和**分别表示与对照组进行t检验在5%和1%水平上的差异显著性。

表2-8的结果表明,微甘菊水提物对土壤C、N影响作用显著。总体来看,水提物提高了土壤C、N的含量及碳氮比(C/N),但对土壤碳氮比(C/N)的影响作用不显著。水提物浓度低时(T_1),土壤C、N含量的提高幅度最大(C提高了29.3%,N提高了29.8%)。

表2-8 微甘菊水提物对土壤C、N的影响

水提物/(g·mL^{-1})	碳含量/(g·kg^{-1})	氮含量/(g·kg^{-1})	碳氮比(C/N)
对照(CK)	14.26±0.87 a	1.16±0.08 a	12.29±0.16 a
0.005(T_1)	18.44±0.21 c	1.51±0.09 c	12.26±0.73 a
0.025(T_2)	16.37±0.47 b	1.30±0.08 b	12.61±0.13 a
0.100(T_3)	16.64±0.96 b	1.37±0.06 b	12.13±0.55 a

注:数据以平均值±标准差表示。每个值是4次重复的平均值。平均值后跟不同字母,$P<0.05$,差异有统计学意义(LSD检验)。

从图2-13可以看出,微甘菊水提物明显提高了土壤NO_3^-和NH_4^+含量。微甘菊水提物的浓度对土壤NO_3^-无显著影响,土壤NH_4^+含量随着水提物浓度的升高而增加。总体来看,土壤NH_4^+含量都明显大于土壤NO_3^-。

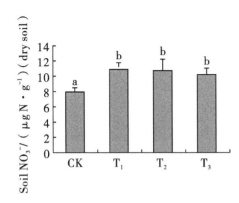 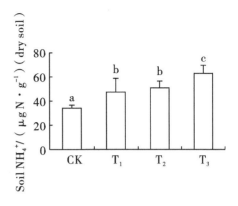

图 2-13 微甘菊水提物对土壤 NO_3^- 和 NH_4^+ 的影响

注：①CK：对照（水）；T_1：0.005 g/mL；T_2：0.025 g/mL；T_3：0.10 g/mL。
②数值为平均值±标准差。③不同字母表示不同浓度水提液的影响差异显著（$P<0.05$）。

案例 2-8　外来入侵植物小飞蓬对土壤有机质的影响作用

小飞蓬，别名小蓬草、加拿大蓬、飞蓬、小白酒草、祁州一枝蒿，菊目菊科白酒草属植物。小飞蓬是一种世界性杂草，原产于北美，目前成为我国分布最广的入侵物种之一。张西凤等（2020）研究了小飞蓬入侵对土壤养分的影响作用。

研究地点位于新疆天山山脉西部的伊犁河谷，采用野外样地实验方法，研究小飞蓬的入侵对土著植物群落土壤主要营养元素和活性有机碳组分的影响。按草原上小飞蓬不同程度入侵划分群落，选择 4 种小飞蓬不同入侵程度的群落样地为研究对象。分别采集每个群落的土壤样品若干，用于土壤养分的测定。

土壤有机质采用重铬酸钾容量法测定，土壤铵态氮含量使用 KCl 浸提—蒸馏法测定，土壤硝态氮含量使用酚二磺酸比色法测定。

根据图 2-14 可看出，小飞蓬入侵后显著（$P<0.01$）提高土壤有机质含量，3 个入侵群落 0~40 cm 土层土壤有机质含量不断增加，随着入侵程度的加深，增加幅度越大（轻度入侵群落、中度入侵群落、重度入侵群落较土著群落的各土层平均增幅分别为 16%、43%、118%）。从土层深度分析，小飞蓬入侵对 30~40 cm 土层的土壤有机质变化明显（3 个不同入侵群落土壤有机质含量平均增幅分别为 18%、32%、74%），0~10 cm 土层变化较其他土层变化较小。可以看出小飞蓬的入侵显著提升草原土壤有机质含量，并改变土层间有机质的分布。

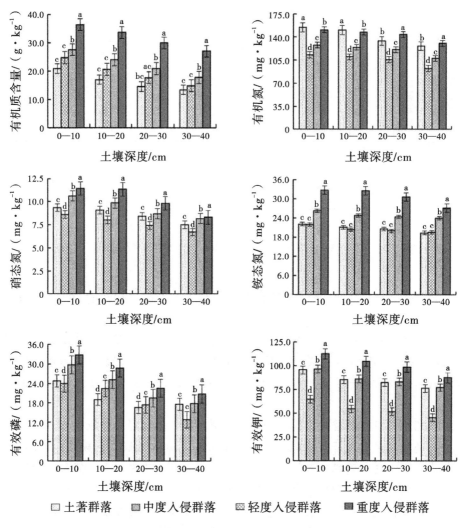

□ 土著群落　▨ 中度入侵群落　▧ 轻度入侵群落　■ 重度入侵群落

图2-14　小飞蓬入侵群落土壤碳、氮、磷有效成分分布（张西凤等，2020）

　　小飞蓬的入侵显著影响土壤的速效氮含量，轻度、中度入侵群落在各土层中速效氮的含量均低于土著群落。小飞蓬入侵显著影响土壤的硝态氮、铵态氮含量，轻度入侵群落0～40 cm的4个土层硝态氮、铵态氮含量均显著低于同土层土著群落，中度、重度两个群落随着入侵程度加深，硝态氮、铵态氮含量显著增加。小飞蓬入侵显著影响土壤的速效磷含量，随着小飞蓬的入侵程度加深，中度、重度入侵群落较土著群落的速效磷含量显著增加。小飞蓬入侵显著影响土壤速效钾含量，变化规律与硝态氮、铵态氮一致。

案例 2-9 外来入侵植物豚草对土壤硝态氮与铵态氮的影响

豚草（*Ambrosia artemisiifolia* L.）系菊科豚草属一年生恶性入侵杂草，具有发生量大、繁殖周期短、扩散快等特点，可对当地物种产生很强的拮抗作用，从而迅速形成单种优势群落。试验以豚草入侵地生态系统中的土壤为对象，分析入侵地土壤氮转化过程的变化（刘小文等，2016）。

试验材料：试验研究对象为豚草，属试验入侵地主要外来物种，以试验地优势物种窃衣（*Torilis scabra* Thunb.）为对照，裸土（没有任何植物生长且在豚草轻度分布区周围）为空白。研究区位于湖南省永州市零陵区西山豚草重发生区（26°12′43.31″N，111°35′48.71″E），海拔 122.45 m，该地区属亚热带季风气候。该样地为豚草长期入侵地及窃衣优势生长地。于 2013 年 8 月中旬植物生长旺季，在样地内每个物种选取 3 个种群斑块，分别对豚草斑块、窃衣斑块、裸土的根际土壤采用抖根法进行多点采样，同时将土壤样品的可见动植物残体除去，碾磨后过 2 mm 筛，混匀。取适量混匀的样品，用自然风干法干燥后磨细过筛，测定土壤的理化常数，剩余样品保存在 4℃冰箱中冷藏，备用。

分析方法：铵态氮和硝态氮含量分别采用靛酚蓝比色法和紫外分光光度法进行分析。

表 2-9 的结果表明，豚草入侵显著提高了根际土壤铵态氮和硝态氮的含量，分别较窃衣根际土壤（对照）增加了 43.69% 和 35.36%。裸土（空白对照）的土壤铵态氮和硝态氮含量与豚草根际土壤差异显著，但与窃衣（对照）相比其根际土壤差异不显著。

表 2-9 不同处理土壤的 pH、有机质及养分含量

处理	pH	有机质含量 /(g·kg^{-1})	全氮含量 /(mg·kg^{-1})	铵态氮含量 /(mg·kg^{-1})	硝态氮含量 /(mg·kg^{-1})	碳氮比 (C/N)
豚草	6.02	19.31±1.12a	1.72±0.03a	14.11±0.03a	21.13±1.13a	11.3
窃衣（对照）	6.82	10.21±0.79b	1.12±0.02c	9.82±0.69b	15.61±0.78b	8.44
裸土（空白）	6.56	10.16±0.95b	1.55±0.02b	9.25±0.77b	14.33±0.96b	6.55

注：同列不同字母表示处理间的影响差异显著（$P<0.05$）。

参考文献

[1] 高兴祥,李美,高宗军,等. 外来入侵植物小飞蓬化感物质的释放途径[J]. 生态学报,2010,30(8):1966-1971.

[2] 孔垂华,胡飞,王朋. 植物化感(相生相克)作用[M]. 北京:高等教育出版社,2016.

[3] 李军,王瑞龙. 入侵植物肿柄菊叶片凋落物化感潜力的研究[J]. 生态科学,2015,34(6):100-104.

[4] 李立青,张明生,梁作盼,等. 丛枝菌根真菌促进入侵植物紫茎泽兰的生长和对本地植物竞争效应[J]. 生态学杂志,2016,35(1):79-86.

[5] 刘小文,何福林,齐成媚,等. 外来植物豚草入侵对土壤碳氮转化的影响[J]. 浙江农业学报,2016,28(2):297-301.

[6] 祁珊珊,贺芙蓉,汪晶晶,等. 丛枝菌根真菌对入侵植物南美蟛蜞菊生长及竞争力的影响[J]. 微生物学通报,2020,47(11):3801-3810.

[7] 邵华,彭少麟,张弛,等. 薇甘菊的化感作用研究[J]. 生态学杂志,2003,(5):62-65.

[8] 王幼珊,张淑彬,张美庆. 中国丛枝菌根真菌资源与种质资源[M]. 北京:中国农业出版社,2012.

[9] 杨康,孙建茹,王妍,等. 入侵植物与本地植物互作对丛枝菌根真菌AMF侵染率的影响[J]. 菌物学报,2019,38(11):1938-1947.

[10] 张西凤,崔东,刘海军,等. 小飞蓬入侵对伊犁河谷草原土壤养分及活性有机碳组分的影响[J]. 环境化学,2020,39(7):1894-1903.

[11] ALLISON S D, VITOUSEK P M. Rapid nutrient cycling in leaf litter from invasive plants in Hawai'i [J]. Oecologia, 2004, 141 (4): 612-619.

[12] BAIS H P, VEPACHEDU R, GILROY S, et al. Allelopathy and exotic plant invasion: from molecules and genes to species interactions [J]. Science, 2003, 301 (5638): 1377-1379.

[13] BÜCKING H, KAFLE A. Role of arbuscular mycorrhizal fungi in the nitrogen uptake of plants: current knowledge and research gaps [J]. Agronomy, 2015, 5 (4): 587-612.

[14] CALLAWAY R M, RIDENOUR W M. Novel weapons: invasive success and the evolution of increased competitive ability [J]. Frontiers in ecology and the environment, 2004, 2 (8): 436-443.

[15] CHEN B M, PENG S L, NI G Y. Effects of the invasive plant *Mikania micrantha* H. B. K. on soil nitrogen availability through allelopathy in South China [J]. Biological invasions, 2009, 11 (6): 1291-1299.

[16] CHEN E J, LIAO H X, CHEN B M, et al. Arbuscular mycorrhizal fungi are a double-edged sword in plant invasion controlled by phosphorus concentration [J]. New phytologist, 2020, 226 (2): 295-300.

[17] CHENG J K, YUE M F, YANG H R, et al. Do arbuscular mycorrhizal fungi help the native species *Bidens biternata* resist the invasion of *Bidens alba*? [J]. Plant and soil, 2019, 444 (1-2): 443-455.

[18] DAVIDSON A M, JENNIONS M, NICOTRA A B. Do invasive species show higher phenotypic plasticity than native species and, if so, is it adaptive? A Meta-analysis [J]. Ecology letters, 2011, 14 (4): 419-431.

[19] EHREFELD J G. Effects of exotic plant invasions on soil nutrient cycling processes [J]. Ecosystems, 2003, 6 (6): 503-523.

[20] EHRENFELD J G. Ecosystem consequences of biological invasions [J]. Annual review of ecology, evolution, and systematics, 2010, 41: 59-80.

[21] GUTJAHR C, PASZKOWSKI U. Multiple control levels of root system remodeling in arbuscular mycorrhizal symbiosis [J]. Frontier in plant science, 2013, 4: 204-204.

[22] HARTMANN H, TRUMBORE S. Understanding the roles of nonstructural carbohydrates in forest trees — from what we can measure to what we want to know [J]. New phytologist, 2016, 211 (2): 386-403.

[23] HIERRO J L, CALLAWAY R M. Allelopathy and exotic plant invasion [J]. Plant and soil, 2003, 256 (1): 29-39.

[24] HODGE A, FITTER A H. Substantial nitrogen acquisition by arbuscular mycorrhizal fungi from organic material has implications for N cycling [J]. Proceedings of the national academy of sciences, 2010, 107 (31): 13754-13759.

[25] JACOTT C, MURRAY J, RIDOUT C. Trade-offs in arbuscular mycorrhizal symbiosis: disease resistance, growth responses and perspectives for crop breeding [J]. Agronomy, 2017, 7 (4): 75.

[26] KEYES S, VAN VEELEN A, MCKAY FLETCHER D, et al. Multimodal correlative imaging and modelling of phosphorus uptake from soil by hyphae of mycorrhizal fungi [J]. New phytologist, 2022, 234 (2): 688-703.

[27] KIM Y O, LEE E J. Comparison of phenolic compounds and the effects of invasive and native species in east asia: support for the novel weapons hypothesis [J]. Ecological research, 2011, 26 (1): 87-94.

[28] LIAO C, PENG R, LUO Y, et al. Altered ecosystem carbon and nitrogen cycles by plant invasion: a meta-analysis [J]. New phytologist, 2008, 177 (3): 706-714.

[29] MACK M C, D' ANTONIO C M. The effects of exotic grasses on litter decomposition in a Hawaiian woodland: the importance of indirect effects [J]. Ecosystems, 2003, 6 (8): 723-738.

[30] MACK M C, D' ANTONIO C M, LEY R E. Alteration of ecosystem nitrogen dynamics by exotic plants: a case study of C_4 grasses in Hawaii [J]. Ecological applications, 2001, 11 (5): 1323-1335.

[31] PUTNAM A R. Allelopathic research in agriculture: past highlights and potential [M]. Washing DC: The Chemistry of Allelopathy, 1985.

[32] ĚZÁOVÁ V, REZÁČ M, GRYNDLER M, et al. Plant Invasion alters community structure and decreases diversity of arbuscular mycorrhizal fungal communities [J]. Applied soil ecology, 2021, 167.

[33] RICE E L. Allelopathy [M], 2nd ed. Academic Press, New York, 1984.

[34] SMITH S E, READ D. Mycorrhical Symbiosis [M]. 3rd ed. New York: Academic Press, 2008.

[35] THORPE A S, THELEN G C, DIACONU A, et al. Root exudate is allelopathic in invaded community but not in native community: field evidence for the novel weapons hypothesis [J]. Journal of ecology, 2009, 97 (4): 641-645.

[36] VITOUSEK P M, WALKER L R, WHITEAKER L D, et al. Biological invasion by myrica faya alters ecosystem development in Hawaii [J]. Science, 1987, 238 (4824): 802-804.

[37] WU Q S, SRIVASTAVA A K, ZOU Y N. AMF-induced tolerance to drought stress in citrus: a review [J]. Scientia horticulturae, 2013, 164: 77-87.

[38] ZHOU Y, STAVER A C. Enhanced activity of soil nutrient-releasing enzymes after plant invasion: a meta-analysis [J]. Ecology, 2019, 100: e02830.

第 3 章
植物重金属胁迫响应基因的转录检测、定量和克隆

3.1 概述

3.1.1 土壤重金属污染及重金属元素在土壤中的迁移与转化

土壤中重金属污染物的来源复杂，主要来自人类活动。近几十年来，人类活动的增加、工业化的迅速发展和现代农业的推广加剧了环境中重金属元素的污染，尤其是在发展中国家。工业、交通及农业活动，如污水灌溉、农药和化肥使用等，不断将重金属引入土壤，使其浓度升高。淋溶、地表径流和农作物收获是土壤重金属输出的主要途径。

此前研究已经表明重金属胁迫可以抑制植物的生长，尤其是在种子萌发和幼苗生长早期（Li et al.，2006）。在根表面，重金属离子与必需营养阳离子竞争被植物吸收。进入植物细胞后，重金属直接攻击蛋白质的硫醇基团，导致蛋白质结构改变，从而破坏蛋白质功能，发挥细胞毒性和基因毒性作用。此外，重金属还诱导活性氧（reactive oxygen species，ROS）产生，导致细胞大分子和叶绿体氧化损伤。这些影响最终反映在生理和生化水平上，如膜稳定性和光合产量下降、色素生产受损、激素和营养失衡、DNA 复制受到抑制等。根据重金属在植物细胞中的浓度、种类和发育阶段的不同，植物细胞对重金属的吸收会产生不同的应激反应（Sandalil et al.，2001；Singh et al.，2009）。植物已经发展出复杂的调节机制来适应并生存于重金属胁迫下的环境。然而，在极端条件下，重金属毒性可能会严重影响植物的健康，最终导致细胞死亡。

重金属污染不仅对植物产生影响，而且对人类健康构成威胁。以镉（Cd）

为例，农业土壤中的镉污染可以造成严重的健康问题，尤其在中国。其中稻田污染带来的问题最为明显。在对污染地区的大米的检测中发现，Cd 含量甚至会超过国家标准的 10 倍以上。食用受 Cd 污染的大米会增加人类对 Cd 的暴露，威胁公共健康。食用大米是土壤 Cd 进入人体的重要载体。人群长期暴露在高水平 Cd 环境中会导致各种健康问题，如痛痛病、肝损伤、肾功能障碍、癌症等（Huang et al.，2009；Hassain et al.，2001）。

重金属元素在土壤中的迁移、转化有吸附、解吸、沉淀、溶解、生物吸收、微生物作用等过程。这些过程受到土壤性质、环境条件以及重金属元素本身性质的影响。包括 Cd 在内的重金属在进行不同的迁移转化过程中具有复杂的存在形式，主要有水溶态、离子交换态、碳酸盐结合态、铁锰氧化态、弱有机态、强有机态、残渣态等（张功领等，2018）。残渣态重金属不能被生物利用；水溶态、离子交换态对植物来说具有生物可利用性。如果土壤的 pH 和氧化还原电位（Eh）发生变化，非残渣组分（即碳酸盐结合态、铁锰氧化态、弱有机态、强有机态）也将具有生物可利用性。影响土壤中重金属存在形式及被植物吸收利用的因素主要包括有机质、Eh、pH、土壤微生物四大因素。

3.1.1.1 有机质

土壤中的有机质中含有丰富的有机功能团，如羧基、羟基、酚基等，这些功能团可以与重金属形成络合物。这些络合物能够改变重金属的化学形态，使其在土壤中的迁移、转化和生物有效性发生变化。有机质具有良好的吸附能力，可以吸附重金属离子。土壤中的有机质形成的胶体和腐殖质，能够吸附重金属离子，降低其在土壤溶液中的浓度，减少其对环境的污染作用。土壤有机质表面带有电荷，可以与重金属离子进行离子交换。这种离子交换作用可以影响重金属在土壤中的分布和活性。有机质为微生物提供了生存和繁殖的基础，微生物在土壤中的代谢活动可以影响重金属的形态转化。例如，一些细菌和真菌能够利用重金属离子作为氧化剂或还原剂，促进重金属的转化。

3.1.1.2 氧化还原电位

当考虑土壤中重金属的形态和生物有效性时，氧化还原电位是一个关键因素。氧化还原电位反映土壤中氧气和水之间的电子转移能力，它的变化会影响土壤中重金属的化学形态。在还原环境下，土壤中的氧气含量较低，使得重金属通常以可溶性或可交换性形式存在。这是因为还原条件促使重金属从土壤固相中释放出来，有些重金属甚至可以形成可溶性的盐或络合物。这些形式更易被植物吸收，从而增加了土壤重金属的生物有效性。相反，在氧化环境下，土壤中的氧气含量较高,重金属往往以难溶的氧化物或矿物形式存在,从而降低了其生物有效性。在氧化条件下,重金属的溶解度较低,更难被植物吸收。此外,氧化环境也有助于将重金属固定在土壤固相中,减少其迁移和生物有效性。土壤微生物的活动也受氧化还原电位的影响。在还原条件下,还原类的微生物通常活跃,它们可以促进重金属的溶解和迁移。而在氧化条件下,这些微生物活动会受到限制,从而减缓了重金属的迁移。

3.1.1.3 pH

土壤 pH 对土壤中重金属的转化和迁移影响深远而复杂。在酸性条件下（pH＜6.0）,土壤中的重金属往往更容易溶解并释放到土壤溶液中。这是因为酸性环境有助于重金属形成可溶性盐,从而增加了其在土壤水相中的浓度。例如,铝（Al）、锰（Mn）等金属在酸性条件下的溶解度显著增加,使其更容易被植物吸收,进而造成植物生长受限或中毒。此外,在酸性环境下,土壤颗粒表面的电荷密度可能会减少,导致已吸附的重金属离子解吸并释放到土壤溶液中,进一步增加其生物可利用性。这一过程可能导致重金属向地下水等水体迁移的风险增加,对环境造成潜在威胁。相反,在中性到碱性条件下（较高 pH）,土壤中重金属的行为通常不同。土壤 pH 的增加会促进重金属与土壤颗粒表面的吸附和络合作用,使其更倾向于以固体形式存在。这意味着重金属离子更容易被固定在土壤颗粒表面,减少了其在土壤溶液中的浓度,从而降低了其生物利用性和迁移性。

3.1.1.4 微生物

土壤微生物通过各种生命活动对重金属的形态以及可利用性产生显著的影响。在缺氧条件下,一些微生物可以通过还原作用将重金属离子还原为其相对较稳定的形态或形成与其他物质的沉淀物。例如,硫醇基和其他生物分子可以还原金属离子形成金属硫化物,如铅硫化物（PbS）或镉硫化物（CdS）,这些化合物通常是不溶于水的,因此具有较低的生物可利用性。微生物分泌的有机酸和其他络合物可以与重金属离子形成络合物,从而降低其在土壤中的活性。这些络合物可以使重金属形成较大的分子团或沉淀,减少其溶解度和生物毒性。此外,微生物表面的生物胶和细胞壁具有吸附重金属离子的能力,从而减少其在土壤溶液中的浓度。这种吸附作用可以暂时性地固定重金属,降低其对植物的毒性和生物可利用性。

3.1.2 重金属元素在植物的迁移与转化

植物对重金属的吸收主要在根部通过主动吸收、被动吸收等方式进行。植物吸收土壤中的重金属时，根系是其最重要的吸收部位。这一过程涉及多种复杂的生理生化机制，包括根系吸附和吸收、植物内部的转运和转化过程。

植物的根系吸收重金属主要有以下这些过程。首先是吸附和解离，植物根系表面的根系分泌物和根毛对重金属可能有吸附和解离的作用，使重金属离子更容易被根系吸收。植物根系表面通常覆盖着大量的根毛，这些细小的毛状结构增加了植物根系的吸收表面积。Cd^{2+} 等重金属对于植物体而言是有毒害作用的，绝大多数植物不存在专门吸收转运这些元素的机制。然而，重金属离子往往具有与 Fe^{2+}、Zn^{2+}、Mn^{2+} 及 Ca^{2+} 等营养物质相似的一些物理化学特性，因此能通过对应的转运机制进入根细胞（Verbruggen et al., 2009）。植物对金属阳离子的吸收可分为外质体吸收和共质体吸收两个关键阶段（Hart et al., 2002）。在外质体吸收途径中，水自由流动于细胞壁之间，不受细胞膜限制，从土壤溶液中吸收金属离子，而阳离子在植物根外质体中积累，这一过程受细胞壁的交换性质控制，并随土壤 pH 的变化而变化。随着土壤 pH 的升高，根细胞壁中的羧基逐渐去质子化，从而增加了与带正电金属离子之间的静电相互作用。这一阶段的吸收是快速自发的，属于被动吸收过程。而在共质体吸收途径中，由于质膜的限制，水不能自由进出，因此需要依赖代谢活动主动吸收，其速度相对较慢。以二价金属离子为例，对于 Fe^{2+} 等离子的吸收，主要通过 Nramp 蛋白家族转运，在水稻中主要是 OsNramp5 蛋白。*OsNramp5* 在水稻中的表达量和转运活性高于其他谷类作物，可能是导致水稻中 Cd 积累量较高的原因。研究表明，敲除水稻的 *OsNramp5* 基因将导致 Cd 不再在水稻体内积累，反映了该基因对 Cd 吸收起到关键作用（Tang et al., 2017）。

一旦重金属被根部吸收，它们首先进入根部细胞，并沿着根部内皮细胞朝向维管束移动。在根部内，重金属可能会被转运到不同类型的根细胞中，包括内皮细胞、皮层细胞和髓质细胞。根部内的转运过程受到植物根系解剖结构的影响，例如根毛、根细胞的细胞壁和细胞间隙等。重金属进入维管束后可以通过两种主要方式进行转运：向上运输到茎、叶等地方，或向下运输到根部进行再次积累。木质部的装载过程对重金属转运到地上部分而言至关重要。这一过程需要多种转运蛋白的参与，包括重金属 ATP 酶（heavy metal transporting ATPase，HMA）、阳离子/H^+ 反向运输体、ATP 结合盒转运蛋白（ATP-binding cassette transporter，简称 ABC 转运蛋白）等。重金属离子随水分通过木质部导管向上运输，受根压和蒸腾作用的影响。韧皮部负责转运以糖类为主的光合产物，进行双向运输（廖雨梦等，2022）。重金属主要通过韧皮部进入籽粒等地方积累。韧皮部运输对重金属在果实、籽粒及新叶等蒸腾作用弱的部位中的分配具有重要意义。通常情况下，植物会将重金属富集在根系和叶片等器官中，尤其是在根尖和新生组织处。然后，重金属会随着植物的生长和代谢过程进一步转移到茎、叶等地方。这一过程受到植物生长状态、生理活动和环境因素的影响。

重金属在植物体内还会发生各种转化过程。重金属离子通常会与细胞内的蛋白质结合，形成重金属蛋白质复合物。这种结合可以通过硫醇基团、羧基、磷酸基团等与重金属之间的化学键形成。这些重金属蛋白质复合物可能会影响蛋白质的功能，导致细胞代谢过程的紊乱。重金属离子也可能与细胞核内的核酸结合，包括 DNA 和 RNA。这种结合可能会导致核酸损伤、基因突变等影响细胞遗传信息传递的问题。一些重金属离子可能会与细胞壁的多糖类物质结合，如纤维素、半纤维素等。这种结合有助于重金属固定在细胞外壁，减少其进入细胞质的机会。重金属在细胞内可能会发生氧化还原反应，改变其价态。例如，一些重金属离子可能会与细胞内的还原型谷胱甘肽（glutathione，GSH）发生反应，形成相应的氧化态。这种转化可能影响重金属的毒性和生物利用性。

3.1.3 植物适应重金属胁迫的机制

植物存在不同的分子和生理机制来克服重金属胁迫，总的来说，这些机制可以分为回避型和容忍型。

回避型指的是所有能够限制植物吸收重金属的方法。首先植物可以通过细胞和根系分泌的特定物质，如苹果酸盐和草酸盐，来改变重金属元素的生物可用性或阻止它们进入植物体内。这些分泌物能够与金属离子形成稳定的复合物，或将金属离子固定在细胞壁上，从而有效限制了金属离子在植物体内的移动，尤其是阻止了它们的长距离转运。除此以外，细胞壁作为植物的第一道防线，其结构复杂，富含多种生物大分子。这些大分子中的碳水化合物、氨基酸、酚类物质及它们所携带的官能团［如羧基（—COOH）、硫醇基（—SH）、羟基（—OH）］，为金属离子提供了丰富的结合位点。这些官能团能与二价或三价金属阳离子形成稳定的配合物，使金属离子在细胞壁和根细胞质膜之间的空间中被有效固定，从而减少了它们对细胞质的潜在毒害。植物还通过增强细胞壁的结构来提高其对重金属的阻隔能力。通过增厚细胞壁和增加特定分子的交联，植物不仅增强了细胞壁的物理强度，还提高了其对金属离子的结合能力，进一步降低了重金属对细胞内环境的影响。

容忍型主要包括中和毒性、将重金属元素隔绝以及直接排出原生质体外等方式，其具体机制如下所述。

首先植物能够通过将重金属与配体结合的方式中和其毒性，其中 Cd 能与含硫元素的配体结合，如植物螯合肽（phytochelatin，PCs）、谷胱甘肽和金属硫蛋白（metallothionein，MT）等。

3.1.3.1 植物螯合肽

植物螯合肽（PCs）是植物细胞内一类特殊的肽类分子，它们在植物抵抗重金属胁迫中发挥着至关重要的作用。PCs 是由谷胱甘肽（GSH）合成的小分子，具有通用结构（γ-Glu-Cys）n-X，其中 n 代表 2 至 11 之间的数字，X 代表氨基酸，如 Gly、β-Ala、Ser、Glu 或 Gln。这种结构使得 PCs 能够通过其硫醇基团与多种重金属离子形成稳定的螯合物，从而降低这些金属离子的毒性。植物细胞在重金属胁迫的情况下，如 Cd 或砷（As）的存在，会增加 PCs 的合成，从而高效地与这些有毒金属离子结合解毒。PCs 与金属离子结合后，通常会被运输到细胞的液泡中，形成高分子量（high molecular weight，HMW）的络合物，这是一种称为隔室化的过程，有助于将有毒金属离子从细胞质中隔离开，减少对细胞功能的影响。研究表明，PCs 与 Cd 形成的 HMW 络合物的体内转运是由 ABC 转运蛋白介导的。这些转运体利用 ATP 的能量，将 HMW 络合物从细胞质运输到液泡中，减少细胞质中的 Cd 浓度（Ogawa et al.，2009）。

3.1.3.2 谷胱甘肽

谷胱甘肽（GSH）是植物细胞内一种关键的小分子抗氧化剂，其结构由谷氨酸、半胱氨酸和甘氨酸组成。在植物对抗重金属胁迫的过程中，GSH 发挥着多重重要作用。它不仅直接参与中和 ROS，还通过与重金属离子形成稳定的螯合物来降低其毒性。当植物暴露于重金属胁迫时，如 Cd、铅（Pb）和 As 等，细胞内的 GSH 水平通常会上升。这是因为 GSH 能够与这些金属离子直接结合，形成非毒性的螯合物，从而减少它们对细胞的损伤。此外，GSH 还参与到植物细胞内的多种代谢途径中，包括作为植物螯合肽（PCs）合成的前体分子，进一步增强植物对重金属的耐受性。GSH 在植物细胞内的抗氧化防御系统中起着核心作用。它与 GSH 相关的酶，如 GSH 还原酶（glutathione reductase，GR）、GSH 过氧化物酶（glutathione peroxidase，GSH-Px）和 GSH 硫转移酶（glutathione S-transferase，GSTs）协同作用，控制细胞内 ROS 的浓度，保护植物免受重金属引起的氧化应激。这些酶通过催化 GSH 与 ROS 的反应,帮助维持细胞内的氧化还原平衡,保护细胞内的蛋白质和其他生物大分子免受损害。

3.1.3.3 金属硫蛋白

金属硫蛋白(MT)是植物细胞在面对重金属胁迫时的关键防御分子。这些小分子、富含半胱氨酸的蛋白质在植物体内发挥多种功能,特别是在解毒和适应重金属胁迫方面至关重要。MT 的主要功能是通过与重金属离子形成络合物来降低其毒性。这些蛋白质中的半胱氨酸残基提供了硫原子,能够与金属离子(如 Cd、Pb 和 Zn 等)形成稳定的配合物。这种结合不仅减少了这些离子的反应性和毒性,而且还帮助植物细胞调节内部的金属离子平衡,维持正常的生理功能。在重金属胁迫下,植物细胞会产生大量的 ROS,这些 ROS 能够对细胞结构和代谢途径造成损害。MT 在抵御这种氧化应激中也扮演着重要的角色。它们能够直接或间接地参与清除 ROS,保护细胞免受氧化损伤。此外,MT 还参与了植物体内的 Zn 信号传导,这对于调节细胞应对氧化应激的反应至关重要。MT 的另一个重要功能是在植物体内的重金属离子运输和分布中起到调节作用。研究结果表明,MT 能够将重金属离子运输到细胞的不同部位,如液泡,这有助于隔离和存储这些有毒离子,减少它们对细胞质的直接影响(Chaudhary et al., 2018)。

与上述提到的植物螯合肽等螯合剂进行螯合后,重金属离子通常被转运到液泡中。这种方法是植物抵御重金属胁迫的一个关键防御策略,实现了隔离和蓄积,从而降低其对细胞代谢活动的干扰。这一过程涉及多个步骤和多种分子参与,包括金属离子的识别、螯合、转运和液泡内的积累。这一过程主要依赖于位于液泡膜上的特定转运蛋白。这些转运蛋白,如 ABC 转运蛋白和重金属转运蛋白,利用 ATP 的能量将螯合后的金属离子主动运输到液泡内部。一旦重金属离子被转运到液泡内,它们就会在那里积累和隔离。液泡内的低 pH 和特定的化学环境有助于进一步稳定金属离子,防止它们重新进入细胞质。此外,液泡内的有机酸和其他分子也可能与金属离子结合,增强其稳定性和隔离效果。植物还能够根据环境中金属离子的种类和浓度,动态调节液泡隔离能力(vacuolar sequestration capacity,VSC)。这种调节机制确保了植物能够有效地应对不同的重金属胁迫,将有毒金属离子定向运输到特定组织中,如在根部液泡中积累较多的重金属离子,以减少对地上部分的影响。

植物还存在金属外流机制以适应镉胁迫和解毒。在拟南芥中,存在一些外排转运蛋白参与 Cd 的再分配、转运和解毒,例如植物抗镉 1(plant cadmium resistance 1,PCR1)蛋白和植物抗镉 2(plant cadmium resistance 2,PCR2)蛋白。其中，PCR1蛋白位于细胞膜上，通过将Cd输出到细胞外从而降低Cd含量，最终提高植物抗Cd胁迫的能力（Ó Lochlainn et al.，2011）。此外，在水稻的研究中也发现多药及毒素外排转运（multidrug and toxic compound extrusion，MATE）蛋白作为ABC转运蛋白家族的一员能通过将Cd输出到细胞质外的方式来降低Cd的毒害作用（Ogawa et al.，2019）。

总的来说，这些机制共同作用，使植物能够在重金属污染的环境中生存和繁衍。研究这些机制不仅有助于我们理解植物的适应策略，还对开发新的植物修复技术具有重要的应用价值。

3.1.4 重金属诱导的活性氧和氧化应激

尽管存在上述各种方式以隔绝重金属对细胞的毒害作用，植物仍会表现出中毒现象，特别是在高浓度胁迫下。产生活性氧是植物面对重金属胁迫最常见且被研究最多的反应之一。重金属会导致氧分子的减少并释放出活性氧，如过氧化氢（H_2O_2）、超氧自由基和羟基自由基等（Ghori et al.，2009）。细胞在正常条件下产生的ROS是多种生理过程的关键调节因子，如萌发、气孔关闭和衰老。植物细胞还会利用ROS在细胞壁中形成木质素，保护细胞免受病原体入侵和水分流失（Yuan et al.，2013）。然而重金属诱导产生过量的ROS会引发脂质和蛋白质分解等连锁反应，导致DNA和细胞膜的损伤。

为了应对重金属这种过氧化胁迫，植物细胞会表达超氧化物歧化酶（superoxide dismutase，SOD）、过氧化氢酶（catalase，CAT）、过氧化物酶（peroxidase，POD）、抗坏血酸过氧化物酶（ascorbate peroxidase，APX）、谷胱甘肽还原酶（glutathione reductase，GR）、脱氢抗坏血酸（dehydroascorbate reductase，DHAR）和单脱氢抗坏血酸还原酶（monodehydroascorbate reductase，MDHAR）等各种抗氧化酶以防止细胞损伤和组织功能障碍。此前已有表明，高水平的抗氧化酶表达可以增加植物对重金属胁迫的耐受力。此外还发现在不同植物细胞中抗氧化酶均有被激活，以清除重金属毒性产生的活性氧（Shahid et al.，2014）。抗氧化酶大多是电子供体，与自由基反应形成无害的最终产物，如H_2O。该过程首先需要活性氧结合到活性酶位点，然后转化为无毒和非活性产物。在这些酶中，SOD是保护植物抵抗ROS的关键酶。

SOD主要负责超氧自由基的猝灭，使之形成H_2O_2和O_2。通过这种方式，SOD可以将O_2维持在稳定水平。当SOD过表达时，它通常是响应重金属诱导的H_2O_2的产生，因为H_2O_2可以通过脂氧合酶介导的脂质过氧化形成脂质过氧化物（Deng et al.，2010）。CAT通常存在于线粒体和过氧化物酶体（peroxisomes）中，可以将SOD生成的H_2O_2分解为H_2O和O_2。POD是另一种

将 H_2O_2 分解的酶，它能够将 H_2O_2 还原为 H_2O，存在于液泡、细胞壁、细胞质和细胞外间隙中。此外 POD 被认为是重金属毒性的标记物，对酚类底物具有广泛的特异性，且对 H_2O_2 的亲和力高于 CAT（Radwan et al., 2010）。POD 消耗 H_2O_2 生成并以愈创木酚等底物合成苯氧化合物，合成的苯氧化合物聚合后能生成木质素等细胞壁成分。

抗坏血酸（ascorbic acid, AsA）是一种脂溶性抗氧化剂，能够被 APX 氧化为单脱氢抗坏血酸的同时将 H_2O_2 还原为 H_2O 和 O_2（Triantaphylidès and Havaux, 2009）。生成的单脱氢抗坏血酸既可以直接被单脱氢抗坏血酸还原酶还原为抗坏血酸，也可以先转化为脱氢抗坏血酸，再被脱氢抗坏血酸还原酶还原。单脱氢抗坏血酸的还原还需要 GSH 作为还原剂提供电子，随后生成氧化型谷胱甘肽（GSSG）。APX 和 GR 是参与抗坏血酸—谷胱甘肽循环的酶，主要位于叶绿体、其他细胞器和细胞质中，它们参与控制细胞的氧化还原状态，特别是在重金属胁迫条件下，GR 能够将 GSSG 还原为 GSH。因此当 GR 活性被诱导时，GSH/GSSG 比值能保持在较高水平，从而允许 GSH 参与 PCs 的合成和 ROS 解毒。

3.2 水稻重金属胁迫培养

3.2.1 实验目标

（1）掌握水稻水培方法。
（2）评估重金属胁迫对水稻生长和金属积累的影响。
（3）获得后续 RNA 提取等实验所需要的材料。

3.2.2 实验原理

水稻（*Oryza sativa* L.）作为全球粮食安全的关键作物之一，其对环境胁迫的适应性研究具有重要意义。在面对重金属胁迫时，水稻展现出一系列复杂的生理和分子响应机制。这些机制不仅涉及生理代谢的调整，还包括了分子水平上的基因表达变化。

首先，水稻通过调节其生理代谢来适应重金属胁迫。这包括对光合作用、呼吸作用、矿物质营养和水分吸收等基本生理过程的调整。例如，在铜或镉等重金属胁迫下，水稻可能会降低其光合速率，以减少能量的消耗并保护叶绿体结构。同时，水稻还会增加根部对铁、锌等必需微量元素的吸收，以缓解重金属引起的营养失衡。其次，水稻激活抗氧化系统来对抗重金属胁迫引起的氧化应激。抗氧化系统包括了一系列的酶类，如超氧化物歧化酶（SOD）、过氧化氢酶（CAT）和谷胱甘肽过氧化物酶（GPX），以及非酶类抗氧化剂，如谷胱甘肽（GSH）、抗坏血酸（AsA）等。这些抗氧化剂能够清除过量的活性氧（ROS），保护细胞免受氧化损伤。再次，水稻通过增强重金属离子的螯合与隔离来减少其毒性。水稻细胞内的金属结合蛋白（如金属硫蛋白和植酸）以及有机酸（如草酸和柠檬酸）可以与重金属离子形成稳定的复合物，从而减少这些离子的活性和毒性。最后，水稻还能通过泵送机制将重金属离子转运到液泡中进行隔离，或者通过根部分泌物将重金属固定在土壤中，防止其进一步向上运输。

水培实验作为一种模拟重金属污染环境的有效方法，为研究水稻对重金属胁迫的响应提供了便利。通过水培，研究人员可以精确控制实验条件，如溶液中的重金属浓度、pH 和营养成分，从而观察水稻在不同胁迫水平下的生长表现和重金属吸收积累情况。此外，水培实验还可以配合分子生物学技术，如基因表达分析、蛋白质组学和代谢组学研究，进一步揭示水稻应对重金属胁迫的分子机制。

在未来的研究中，科学家们还可以通过基因编辑技术，如 CRISPR/Cas9 系统，对水稻的抗重金属胁迫基因进行定向改造，以提高其耐受性。同时，通过生态学和环境科学的交叉研究，可以探索如何利用水稻的这些特性进行生态修复，如重金属污染土壤的植物修复。

总之，水稻对重金属胁迫的响应机制是一个多层次、多方面的复杂过程。通过综合生理学、分子生物学和生态学等多学科的研究，我们不仅能够深入理解水稻的适应性机制，还能为粮食安全和环境保护提供科学依据和技术支持。随着研究的深入，水稻作为模式植物在环境胁迫研究领域的价值将会愈发凸显。

3.2.3 实验材料

（1）材料：水稻种子，由本科教学实验室提供。

（2）试剂：$CdNO_3$、KNO_3、NH_4NO_3、$Ca(NO_3)_2 \cdot 4H_2O$、$MgSO_4 \cdot 7H_2O$、KH_2PO_4、H_3BO_3、KI、$MnSO_4$、$ZnSO_4 \cdot 7H_2O$、$CuSO_4 \cdot 5H_2O$、$CoCl$、$NaMoO_4 \cdot 2H_2O$、$FeSO_4 \cdot 7H_2O$、EDTA-Na。

（3）器材：pH 计、电导率仪、磁力搅拌器、烧杯、量筒、称量天平、适量的蒸馏水或去离子水、水浴锅、温度计、酒精灯、水稻水培盒、光照培养箱。

3.2.4 实验流程

1. 改良型霍格兰营养液配置

(1) 根据表3-1的营养液配制方法称取对应重量的硝酸钙、硝酸钾和硝酸铵配置为100倍浓缩的母液A。

(2) 根据表3-1称取对应重量的硫酸镁和磷酸二氢钾配制100倍浓缩的母液B。

(3) 根据表3-1所需试剂配置1000倍浓度的母液C。

(4) 将超纯水1.5 L煮沸,称取EDTA-2Na,加入600 mL的70 ℃冷却水,$FeSO_4 \cdot 7H_2O$同样用400 mL冷却水溶解,溶解后将$FeSO_4 \cdot 7H_2O$缓慢倒入EDTA-2Na中,冷却后装入棕色瓶低温保存,得到铁盐溶液。

(5) 将10 mL母液A、10 mL母液B、5 μL母液C及2.5 mL铁盐溶液一起定容至1 L,最后将pH调整为6,得到改良型霍格兰培养液。

表3-1 改良型霍格兰营养液配制方法

溶液	溶质	无机盐质量浓度/($mg \cdot L^{-1}$)	浓缩液物质称取重量/g
A (100×)	NH_4NO_3	80	8
	$Ca(NO_3)_2 \cdot 4H_2O$	945	94.5
	KNO_3	505.55	50.555
B (100×)	KH_2PO_4	136.09	13.609
	$MgSO4 \cdot 7H_2O$	492.94	49.294
C (1000×)	CoCl	0.025	0.025
	KI	0.83	0.83
	$MnSO_4$	22.3	22.3
	$NaMoO_4 \cdot 2H_2O$	0.25	0.25
	$ZnSO_4 \cdot 7H_2O$	8.6	8.6
	$CuSO_4 \cdot 5H_2O$	0.025	0.025
	H_3BO_3	6.2	6.2
铁盐溶液	EDTA-2Na	7.46	7.46
	$FeSO_4 \cdot 7H_2O$	5.561	5.561

2. 水稻萌发

（1）种子需要先晾晒 2 天以提高水稻发芽率。

（2）使用 5% 的次氯酸钠溶液消毒种子 1 h。

（3）将消毒后的种子在清水中浸泡 24 h，直到种子吸足水分。

（4）沥干浸泡后的种子，以利于发芽。

（5）将控水后的种子放入温室中，保持温度在 30 ℃，湿度在 80% 左右，等待 2～3 天发芽。

（6）挑选出芽比较一致的幼苗进行后续实验。

3. 水稻水培与重金属胁迫处理

（1）挑选的幼苗分成 3 组，各使用 1 个水培盒进行培养，每盒加入 5 L 培养液置于光照培养箱，每 5 天更换 1 次培养液。

（2）称取 0.631 g 硝酸镉溶解于 15 mL 纯水中，得到 20000 mg/L 的重金属母液。

（3）10 天后在 3 组中分别加入 10 mL 纯水、5 mL 重金属母液及 10 mL 重金属母液，得到对照组、20 mg/L 重金属镉低浓度处理组及 40 mg/L 重金属镉高浓度处理组。

（4）胁迫处理 10 天后记录不同组株高以及叶片状况等生理数据。

3.2.5 实验结果

根据不同处理水稻的生理状况判断重金属镉对水稻生长的影响。

3.2.6 思考题

（1）改良的霍格兰营养液为什么要先配母液？并且分开配置了多种母液？

（2）营养液中的铁盐溶液配置时为什么要先把水煮沸？缺少这一步对后续实验有什么影响？

（3）什么原因可能导致水稻生长缓慢、叶片发黄？

3.3 水稻重金属含量的测定

3.3.1 实验目标

（1）了解电感耦合等离子体质谱法（inductively coupled plasma mass

spectrometry，ICP-MS）测定重金属元素的原理。

（2）掌握植物重金属元素的测定样品处理方法。

（3）掌握 ICP-MS 使用方法。

3.3.2 实验原理

电感耦合等离子质谱法是一种先进的分析技术，广泛应用于环境监测、食品安全、地质勘探、临床诊断等领域。它能够准确地测定样品中的微量元素和同位素组成，特别是在检测生物样品如水稻中的重金属含量时，ICP-MS 因其高灵敏度和高通量分析能力而成为首选方法。

在 ICP-MS 分析之前，样品的准备和消解是至关重要的步骤。大多数无机化合物、金属、合金和矿石试样可以使用酸进行溶解，这个过程通常涉及硝酸、盐酸、王水等强酸，它们能够将不同价态的目标元素氧化为统一的高价态，或者将其转化为容易分解的无机物。对于植物样品，使用硝酸消解可以有效分解其中的有机质，释放出与有机物结合的重金属元素，使其能够被 ICP-MS 检测。

ICP-MS 的工作原理基于等离子体的生成和离子的质谱分析。等离子体是由高频电磁场激发氩气产生的高温离子气体，它能够将样品中的元素电离成带正电的离子。在 ICP-MS 中，样品首先被雾化成微小的液滴，然后被引入到等离子体中。在等离子体中，元素被电离并形成阳离子，这些阳离子随后被引导进入质谱仪。

质谱分析是 ICP-MS 的核心部分，它利用电场和磁场将运动的离子按其质荷比（质量与电荷的比值）进行分离。在 ICP-MS 中，由于等离子体的高温，大多数分子只会带上一个电子，因此测得的最大质荷比即为分子的相对质量。离子在四级杆中被分离，根据它们的质荷比被检测器检测，产生的信号与离子的浓度成正比。

ICP-MS 的数据处理涉及将检测器接收到的信号转换为元素的浓度信息。这通常通过与已知浓度的标准样品进行比较来实现，从而构建出标准曲线。通过这种方式，可以准确地计算出未知样品中元素的浓度。

3.3.3 实验材料

（1）材料：水稻地上部分和地下部分（洗净、烘干、剪碎）。

（2）器材：控温电加热器，电子天平，ICP-MS，试管，移液器，漏斗。

3.3.4 实验流程

(1) 称样：称取 0.1 g 烘干磨碎后的水稻样品，倒入干净、干燥的石英消解管中。

(2) 加酸：用移液管向装有样品的石英消解管中加入 5 mL 硝酸溶液（尽量避免样品粘到管壁）。

(3) 加热消解：将已加酸的石英消解管放进电热消解仪的加热孔中，并盖上小漏斗。在 120 ℃下消解至完全。

(4) 转移：取下石英玻璃管稍冷，将样品完全转移到 50 mL 的容量瓶中，并用去离子水冲洗石英消解管多遍。

(5) 定容过滤：将样品溶液用去离子水定容至 50 mL，然后用双层滤纸过滤。

(6) 样品保存及检测：经消解完成的样品溶液保存于 4 ℃的冰箱。采用 ICP－MS 对样品中重金属元素含量进行检测。

3.3.5 赛默飞 iCAP™ Q ICP-MS 使用步骤

1. 实验前准备

(1) 首先配置 0%、0.002%、0.005%、0.01%、0.02% 的重金属镉溶液以便后续制作标准曲线。

(2) 打开排风设备。

(3) 确认冷却循环水是否水量充足，如不足，需要先取足量超纯水加入，并且需要加入抗生素溶液防止微生物滋生，打开冷却循环水，查看水压，点火之前为 85 psi（1 psi = 6.895 kPa），点火后约为 75 psi。

(4) 确保氩气供应充分，并将分压调整至 0.6 Mpa。如果钢瓶内的总压降至 2 Mpa 以下，应考虑更换气瓶。这可能是因为钢瓶底部积累了少量氮气，这些氮气在进入等离子体时可能导致意外熄火。因此，为了避免这种情况，应当在总压降低到 2 Mpa 时更换气瓶。

(5) 确认稳压器供电稳定，零地电压小于 5 V。

2. 等离子体部分操作

(1) 打开电脑，启动仪器控制软件。打开真空界面"Vacuum"，如图 3 - 1 所示，确认 turbo pump speed 达到约 800 Hz，达到要求后，查看"Penning Pressure"的读数，一般低于 $5 \times e^{-007}$ mbar，"Pirani Pressure"低于 $1 \times e^{-002}$ mbar。

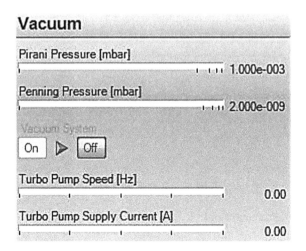

图 3 - 1 Vacuum 界面

（2）点击气体流量，将冷却器流量调整为 14 左右，辅助器流量调整为 0.8 左右，雾化器流量调整为 1.0 左右。之后点击"Inlet System"，启动蠕动泵（图 3 - 2）。

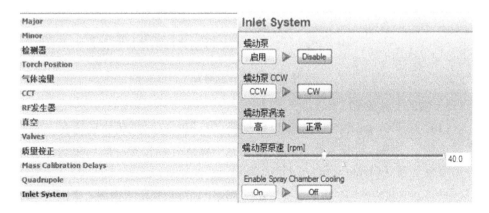

图 3 - 2 Inlet System 界面

(3) 启动 Qtegra 软件，在"仪表盘"界面可以观察到仪器当前各项参数的值（图 3-3）。

图 3-3 仪表盘界面

(4) 打开 Instrument Control 软件后打开"plasma"选项，确认 plasma exhaust 值在 0.4~0.5 之间。点击左上角的"开"，点燃等离子体。成功后在 Qtegra 软件中"仪表盘"所有连锁检查通过（图 3-4）。

图 3-4 仪表盘界面

3. 实验方法编辑

(1) 打开 Qtegra 软件，左侧菜单选择"LabBooks"编辑实验方法。首先在"名称"中输入实验名称，在"位置"中输入存储位置。然后可通过从已有的模板复制（Create a new labbook from an existing），或从已有的方法复制（Create a new labbook from an existing labbook）来完成方法编辑。在"评价"中选择"eQuant"为常规定量方法编辑模式。点击"创建 LabBook"以创建新的实验方法。

(2) "分析物"中选择待测质量数，单击左键选择推荐质量数，也可根据需要点击右键选择其他质量数（图 3-5）。

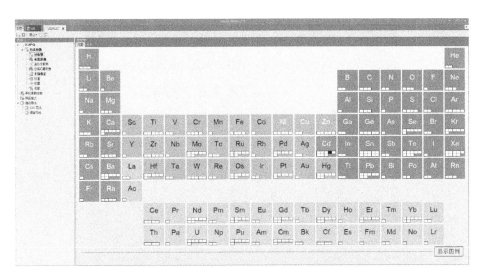

图 3-5　分析物选择界面

（3）在"采集参数"中设置所选质量数的驻留时间，一般设为 0.01 s，channels 和 spacing（u）默认。设置分析模式为 STD 或 KED 等。注意 CCT 模式和 KED 模式仅可用于 iCAP Qc 和 iCAP Qs 仪器型号。建议为每个元素选择相同的测定模式，以提高仪器测定的稳定性。若为必须，也可分别为每种元素设置分析模式。根据仪器估算的扫描时间来设定扫描次数，使单个样品的总积分时间在 10 ~ 20 s。

（4）"监控分析物"进行信号的检测（默认参数）。

（5）"全谱扫描设置"用于定性与半定量（默认参数）。

（6）"干扰校正"用于干扰物的校正（默认参数）。

（7）"标准"用于设置标准溶液浓度，单击"新建"定义一个标准或定义一个内标，勾上"Create standard from analyte list"复选框，即将已经选中的质量数导入。输入校准溶液的浓度含量及单位（图 3-6）。

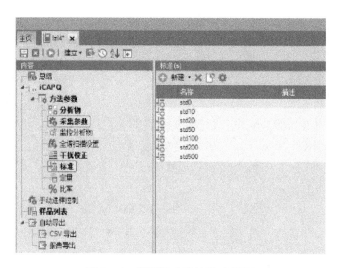

图3-6 设置标准溶液浓度界面

(8)在"手动进样控制"界面中设置样品提升时间和冲洗时间(图3-7),一般默认为30 s。若选择的是带自动进样器设置,则此项为设定自动进样器提升样品时间和清洗时间(自动进样器推荐为45~60 s)。

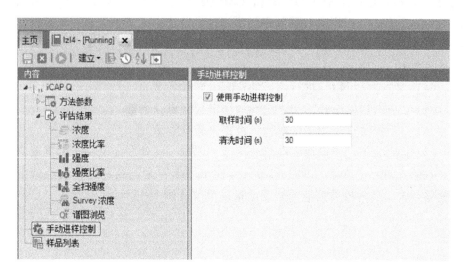

图3-7 设置标准溶液浓度界面

(9)在"样品列表"中输入测试样品的信息,其中"扫描运行"中设置成"1"可进行半定量扫描,常规设置成"0";"样品类型"中设置样品类型,若为校准溶液空白则选择"BLK",若为校准溶液则选择"STD",若为样品则选择"UNKNOWN";"稀释因子"为样品稀释倍数。右击样品列表某一行，可以像 Excel 一样执行插入、粘贴、复制等操作（图 3-8）。

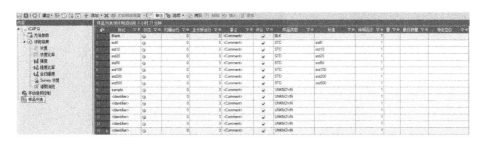

图 3-8　样品界面列表

采样参数设置完成后，点击任务栏中 ⊟ ，保存参数。

（10）点击计划栏中的运行 ⊙ 图标，采样正式开始，根据仪器提示将样品针放入正确的溶液中。采样过程中，可通过点击 ⊪ 或 ⊙ 随时暂停或停止采样。

4. 数据结果分析

（1）测试完成后，在"内容"中出现"评估结果"，可对各项结果进行评估操作。

（2）浓度：在该栏中显示测试结果。点击某个样品前的 + 号，展开显示各主运行的平均值、标准偏差（SD）和相对标准偏差（RSD）以及各主运行的结果，重点观察重复测定的 RSD（5% 以内），若某次测定值偏差较大，右击并选择快捷菜单中的包含项或排除项可在计算中添加或删除项，在快捷菜单中单击项的跳至原始数据打开显示相应强度值的强度视图。

5. 数据结果导出

（1）点击"查询"选项，在行中可根据需要选择导入强度或溶度等各项信息，在列中，先选择结果，可选择需要导出的元素，在"样品列表"中可选择采样时间、用户、样品名、稀释因子以及质量和定容体积等信息（图 3-9）。

图3-9 样品查询

（2）在结果列表的工具栏中，单击或打开 Export data（导出数据）对话框，从下拉菜单"Exporter"（导出器）中选择导出格式（一般选 Excel）。输入导出文件的"Path"（路径），编辑导出文件的"Filename"（文件夹）导出结果。

6. 关机

实验结束后，用3%硝酸溶液冲洗进样系统 10 分钟，冲洗干净后，点击控制软件中的"off"，关闭等离子体，松开蠕动泵泵夹。等离子体熄灭后，需要一段时间冷却，等软件界面显示"就绪"状态后，依次关闭循环水、排风、氩气。

3.3.6　实验结果

根据 ICP-MS 测试结果计算不同样品的 Cd 含量，总结 Cd 含量随不同样品分组的变化规律。

3.3.7　思考题

（1）样品消煮为什么要选择硝酸？与土壤消煮相比差异在哪里？
（2）ICP-MS 测试元素浓度范围一般是多少？若样品浓度过高，应如何处理？

3.3.8　注意事项

（1）进行实验之前，要穿上实验服，戴上手套，做好一些必要的防护措施。
（2）称量植物样时，要先把电子天平调水平，不小心洒落在天平上的样品要及时清理，在称量不同的植物样时要把药勺擦拭干净，以免造成交叉污染。

(3) 使用移液管加浓酸时，要小心缓慢吸取、转移，以免将浓酸洒落在外。若不小心沾到皮肤上要立即用大量自来水冲洗，并及时处理。

(4) 在消解仪加热的过程中应保持温度设置稳定，不可随意更改设置；在将消解管取出来时，要戴上厚棉手套，以免被烫伤。

(5) 将样品转移到 50 mL 的容量瓶中时，要注意冲洗的液体不可超过 50 mL 刻度线。定容时亦要准确定容。

3.4 植物总 RNA 的提取及质量检测

3.4.1 实验目标

(1) 掌握植物总 RNA 的提取原理和方法。
(2) 掌握 RNA 琼脂糖凝胶电泳的操作技术，判断提取 RNA 的完整性。
(3) 掌握 Epoch 超微量蛋白核酸分析仪的使用方法。

3.4.2 实验材料

(1) 材料：水稻根、叶。
(2) 试剂：RNA 提取试剂盒、氯仿、无水乙醇、液氮、琼脂糖、TAE 缓冲液、GeneGreen 核酸染料。
(3) 器材：研钵、离心管、离心机、移液器、枪头、微波炉、电泳仪、电泳槽、Epoch 超微量蛋白核酸分析仪。

3.4.3 实验原理

生物组织中的总 RNA 包括信使 RNA（messenger RNA，mRNA）、转运 RNA（transfer RNA，tRNA）和核糖体 RNA（rRNA）。总 RNA 提取的实质就是将细胞裂解、释放出 RNA，并通过有机物质抽提等方法分离 RNA 与蛋白质等杂质，最终获得高纯度 RNA 产物的过程。RNA 提取试剂（TRIzol）中的主要成分为异硫氰酸胍和苯酚，其中异硫氰酸胍可裂解细胞，促使核蛋白体的解离，使 RNA 与蛋白质分离，并将 RNA 释放到溶液中。在酸性条件下，苯酚可促使 RNA 进入水相，而氯仿可抽提酸性的苯酚，加入氯仿可形成水相层和有机层，这样即可将水相（无色）中的 RNA 与留在有机相（黄色）中的蛋白质和 DNA 分离开。

核酸分子的糖–磷酸骨架中，磷酸基团通常呈负离子化状态，这使得核酸在电场中向阳极迁移。在电泳过程中，使用稳定且无反应活性的介质如琼脂糖，可以根据分子大小和介质黏度的不同，实现不同分子量或结构型的核酸分子的分离。

琼脂糖是一种从海藻中提取的线性高聚物，它在加热后熔化成透明溶胶，冷却后则形成固体凝胶。凝胶的孔隙大小由琼脂糖的浓度决定，影响着核酸分子的迁移速率。在电泳过程中，带电的核酸分子会通过凝胶的孔隙向阳极迁移，其迁移速率受到多种因素的影响，包括分子大小、构象、琼脂糖浓度、电压、电场强度、电泳缓冲液的性质以及染料的量。经过适当的电泳时间，不同大小和构象的核酸片段会在凝胶中不同位置分离，使得未降解的 RNA 样品在电泳图谱上显示出清晰的 18S rRNA、28S rRNA 和 5S rRNA 条带，其中 28S rRNA 的亮度应为 18S rRNA 的 2 倍。

分光光度计是用于测定液体样品中物质含量的仪器，其工作原理基于物质对特定波长光的吸收。OD 值，即吸光度，反映了样品中物质对光的吸收程度，OD 值越高，表示物质含量越多。核酸和核苷酸的嘌呤和嘧啶碱基含有共轭双键系统，能够强烈吸收 250～280 nm 波长的紫外光，其中核酸的最大吸收峰位于 260 nm。根据 Lambert-Beer 定律，通过测定紫外光吸收值的变化，可以定量分析 RNA 的含量。不同 pH 下，嘌呤和嘧啶碱基的异构化情况不同，导致紫外吸收光表现出差异，进而影响摩尔消光系数。$A_{260}|A_{280}$ 和 $A_{260}|A_{230}$ 比值是评估核酸纯度的重要指标。纯净的 DNA 样品的 $A_{260}|A_{280}$ 比值应大于 1.8，而 RNA 样品则应大于 2.0。如果这些比值低于标准值，可能表明样品中含有蛋白质或酚类物质的污染。$A_{260}|A_{230}$ 比值则反映了样品中可能存在的其他污染物，如碳水化合物或盐类，纯净的核酸样品的 $A_{260}|A_{230}$ 比值应大于 2.0。这些比值的测定对于后续实验的准确性和可靠性至关重要。

3.4.4 实验流程

1. **总 RNA 提取**

（1）称取 0.5 g 水稻根或叶组织样品。

（2）匀浆处理：将组织在液氮中磨碎，每 50～100 mg 组织加 1 mL 的裂解液 RL 后匀浆。组织样品容积不能超过 RL 容积的 10%。

（3）将匀浆样品剧烈震荡混匀，在 15～30℃ 条件下孵育 5 min 以使核蛋白体完全分解。

（4）每 1 mL RL 加 0.2 mL 氯仿。盖紧样品管盖，剧烈振荡 15 s 并将其在室温下孵育 3 min。

(5）于 4 ℃，以 12000 r/min 离心 10 min，样品会分成 3 层：下层有机相、中间层和上层无色的水相，RNA 存在于水相中。水相层的容量大约为所加 RL 体积的 50%，把水相小心转移到新管中（不要触碰中间层），记录水相体积。

(6）加入体积为 0.5 倍水相体积的无水乙醇，混匀（此时可能会出现沉淀）。得到的溶液和可能的沉淀一起转入吸附柱 RA 中（吸附柱套在收集管内，若一次不能将全部溶液和混合物加入吸附柱 RA 中，请分两次转入吸附柱 RA 中），在 12000 r/min 下离心 45 s，弃废液，将吸附柱重新套回收集管。

(7）加 500 μL 去蛋白液 RE，12000 r/min 离心 45 s，弃废液。

(8）加入 500 μL 漂洗液 RW（请先检查是否已加入无水乙醇），12000 r/min 离心 45 s，弃废液。

(9）重复步骤（8）。

(10）将吸附柱 RA 放回空收集管中，13000 r/min 离心 2 min，尽量除去漂洗液，以免漂洗液中残留乙醇抑制下游反应。

(11）取出吸附柱 RA，放入一个无 RNA 酶的离心管中，根据预期 RNA 产量在吸附膜的中间部位加入 50～80 μL 无 RNA 酶水，于室温下放置 2 min 后，在 12000 r/min 下离心 1 min。如果需要较多 RNA，可将得到的溶液重新加入离心吸附柱中，离心 1 min，或者另外再加 30 μL 无 RNA 酶水，离心 1 min，合并两次洗脱液。

2. 总 RNA 质量检测实验流程如图 3-10 所示

(1）称取 0.5 g 琼脂糖加入 1×TAE 缓冲液至 50 mL。

(2）将琼脂糖溶液用微波炉加热至完全溶解。

(3）待温度降至 60 ℃，加入 5 μL 染料（GeneGreen），快速混匀，倒入胶盘中，插入梳子，室温放置 20 min 冷却凝固。

(4）将胶盘置于电泳槽中，向电泳槽中加入 TAE 缓冲液至液面覆盖凝胶 1～2 mm。

(5）垂直向上拔出梳子。

(6）用移液器吸取 1 μL 的 6×载样缓冲液于封口膜上。

(7）加入 RNA 5 μL，混匀后加入点样孔。

(8）使用 5～8 V/cm 电压进行电泳，时间 20～30 min。

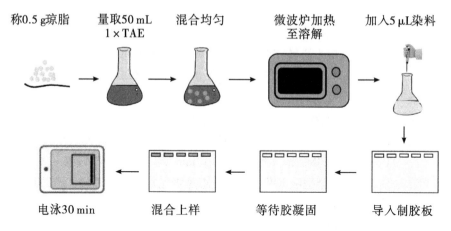

图 3-10　凝胶电泳流程

(9) 使用紫外分析仪观察电泳结果。

(10) 使用 Epoch 超微量蛋白核酸分析仪得到 RNA 提取纯度与浓度。①使用 Take3 板,检测前先将样品孔用纯水清洗干净,并用擦镜吸干(上下两面);②点击欢迎界面(任务管理器)里的"立即检测"中的"Take3 应用程序",包括核酸定量和蛋白 A280,选择对应的 Take3 板(默认)、样品类型和孔类型;③在板布局里设定本底和样品(注意总数只能是偶数),用移液枪加入对应的样品到 Take3 板孔位置(注意枪头不要碰到板上),最低 2 μL(样品量 2～3 μL 为最佳),然后合上盖子;④点击"检测",会弹出提示框,提示放入测试板,然后点击"确定开始检测";⑤检测完成后,点击"批准"导出实验结果,实验结果会自动关联到 Excel。实验结束,用纯水清洗好检测板,最后关闭软件、仪器。

3.4.5　实验结果

(1) 请比较植物地上部分(叶)和地下部分(根)样品提取过程以及最终结果的差异。

(2) 根据电泳结果(图 3-11)标记 RNA 电泳条带,观察提取 RNA 的完整性。

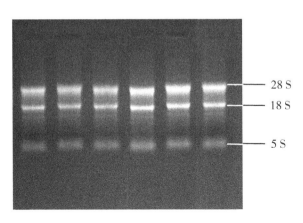

图 3-11 RNA 电泳示例结果

（3）结合电泳结果，根据 Epoch 超微量蛋白核酸分析仪测得的数据判断提取结果好坏。

3.4.6 思考题

（1）为什么用于 RNA 提取的样品须在液氮下研磨？
（2）你认为 RNA 提取的哪些环节会影响 RNA 的质量？
（3）电泳时点样孔应偏向正极还是负极？为什么？
（4）电泳时产生拖尾的原因是什么？

3.4.7 注意事项

（1）本实验过程中使用的所有枪头、离心管等消耗品均应为无 RNA 酶级别。

（2）整个过程要在无 RNA 酶污染的条件下进行，通常可以在无菌操作台中进行实验，并用 75% 乙醇进行擦拭杀菌，如有必要也可在实验前喷洒一些商用的 RNA 酶抑制剂。

（3）所有相关溶液要使用无 RNA 水或经焦碳酸二乙酯（diethyl pyrocarbonate，DEPC）处理过并经高温高压灭菌的超纯水（简称 DEPC 水）进行配制。75% 酒精也需要用无水乙醇与 DEPC 水配制。

（4）溶液的配制需要使用移液器进行操作，切勿使用量筒等中间器皿。

（5）研钵、研棒、镊子、剪刀等用锡箔纸包好后，200 ℃ 干热灭菌 4 h。

（6）实验过程中一定要戴手套和口罩。

（7）异丙醇、氯仿、乙醇等试剂要使用未开封的，或者开封之后直接分装至小容量离心管的,以避免多次使用造成交叉污染。

(8)液氮是超低温液体,使用时应注意安全,避免冻伤。

(9)氯仿对人体有危害,使用氯仿时要求佩戴口罩、手套进行操作。

(10)除了总 RNA 提取的前 3 个步骤,其他步骤均应避免剧烈操作。

(11)转移上清液时应避免震荡分界面,吸取时不要吸到分界面以下的溶液。

(12)实验过程中应将 RNA 样品置于冰上。

3.5 cDNA 第一链合成

3.5.1 实验目标

掌握 cDNA 第一链合成的原理与方法。

3.5.2 实验材料

(1)材料:3.4 节中提取的植物总 RNA。

(2)试剂:Takara Primescript™ 1st Strand cDNA Synthesis Kit。

(3)器材:PCR 仪、水浴锅、无 RNase 的离心管、枪头。

3.5.3 实验原理

合成 cDNA 的第一链时,需要使用 RNA 依赖的 DNA 聚合酶,即反转录酶。市面上常见的反转录酶包括从禽成髓细胞瘤病毒(avian myeloblastosis virus,AMV)提取的 AMV 反转录酶,以及利用大肠杆菌生产的 Moloney 鼠白血病病毒(murine leukemia virus,MLV)反转录酶。AMV 反转录酶由两个多肽亚基组成,具备 RNA 依赖的 DNA 合成活性、DNA 依赖的 DNA 合成活性,以及 RNA 酶的活性,后者能够降解 DNA - RNA 杂交体中的 RNA。相比之下,MLV 反转录酶只含有一个多肽亚基,虽然也具有 RNA 和 DNA 依赖的 DNA 合成活性,但其降解 DNA - RNA 杂交体中 RNA 的能力较弱,且热稳定性不如 AMV 反转录酶。不过,MLV 反转录酶能合成更长的 cDNA 片段,长度可超过 2~3 kb。由于 AMV 和 MLV 反转录酶在使用 RNA 模板合成 cDNA 时所要求的最佳 pH、盐浓度和温度各不相同,因此在合成过程中适当调整这些条件至关重要。

逆转录过程的启动依赖于一种短的 DNA 寡核苷酸,即引物,它在 RNA 模板上与互补序列结合,为新链的合成提供起点。根据不同的 RNA 模板和预期的应用目的,研究者可以选择 3 种基本类型的引物:Oligo(dT)引物、随机引物和基因特异性引物。Oligo(dT)引物由 12 至 18 个脱氧胸腺嘧啶核苷酸(dTMP)组成,专门与 mRNA 的 poly(A)尾部进行退火。由于 mRNA 只占总 RNA 的 1 至 5%,使用 Oligo(dT)引物能够特异性地扩增真核 mRNA,使其成为构建 cDNA 文库、全长 cDNA 克隆和进行 cDNA 3′端快速扩增(3′RACE)的理想选择。随机引物是一系列具有随机碱基序列的短寡核苷酸,通常由 6 个核苷酸组成,被称为随机六聚体、N6 或 dN6。这些引物的随机结合特性使它们能够与样品中任何类型的 RNA 退火,包括没有 poly(A)尾的 RNA(如 rRNA、tRNA、非编码 RNA、miRNA、原核 mRNA)、降解的 RNA,以及具有已知二级结构的 RNA(例如病毒基因组)。随机引物对于改善 cDNA 合成有益,但对于长 RNA 的全长逆转录则不太适用。提高反应中随机六聚体的浓度可以增加 cDNA 的产量,但也可能导致在同一模板上多个位点的结合,从而生成较短的 cDNA 片段。此外,单独使用随机引物可能不适合某些 RT - PCR 应用,因为它们可能会导致 mRNA 的不均匀扩增。基因特异性引物提供了最强的特异性逆转录引物配对,它们是根据目标 RNA 的已知序列设计的。由于这些引物与特定的 RNA 序列结合,因此每个目标 RNA 都需要一套专门设计的基因特异性引物,使其适用于特定基因的研究。本次实验我们将选取 Oligo(dT)引物进行逆转录,反应发生过程如图 3 - 12 所示。

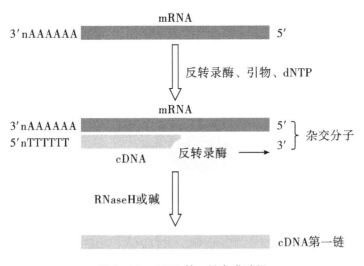

图 3 - 12　cDNA 第一链合成过程

3.5.4 实验流程

(1) 按表 3-2 配制反应液 A。

表 3-2 反应液 A 配方

试剂	使用量
Oligo dT 引物（50 μmol/L）	1 μL
dNTP 混合液（10 mmol/L each）	1 μL
RNA 模板	总 RNA：<5 μL
dH$_2$O（无 NRA 酶）	加至 10 μL

(2) 将反应液 A 在 65 ℃保温 5 min 后，置于冰上迅速冷却。

(3) 按表 3-3 配制 20 μL 反应液 B。

表 3-3 反应液 B 配方

试剂	使用量
上述变性后反应液 A	10 μL
5×PrimeScript 缓冲液	4 μL
RNA 酶抑制剂（40 U/μL）	0.5 μL（20 U）
PrimeScript 逆转录酶（200 U/μL）	1 μL（200 U）
dH$_2$O（无 RNA 酶）	加至 20 μL

(4) 将反应液缓慢混匀。

(5) 42 ℃保温 60 min 使逆转录反应充分进行。

(6) 95 ℃保温 5 min 使酶失活，冰上放置。

3.5.5 实验结果

将反应得到的 cDNA 产物保存于 -20 ℃冰箱中以便做后续实验。

3.5.6 思考题

(1) 为什么要进行 cDNA 第一链的合成？

(2) 结合后续要展开的实验，思考为什么要选取 Oligo（dT）引物做实验？

3.6 一步法 RT-PCR 半定量检测

3.6.1 实验目标

掌握逆转录聚合酶链反应（reverse transcription polymerase chain reaction，RT-PCR）的原理和方法，观察 MT 基因表达差异。

3.6.2 实验材料

（1）材料：3.4 节中提取的植物总 RNA。
（2）试剂：EVO M-MLV 一步法 RT-PCR 试剂盒，MT 特异性引物，GAPDH 特异性引物。
（3）器材：PCR 仪、水浴锅、无 RNase 的离心管、枪头。

3.6.3 实验原理

聚合酶链式反应（polymerase chain reaction，PCR）是一种革命性的分子生物学技术，它允许科学家从极少量的 DNA 出发，通过体外条件下的特殊 DNA 复制过程，大量增加特定 DNA 片段的数量。PCR 技术的核心在于其能够精确地选择并放大目标 DNA 序列，这一过程涉及 3 个基本步骤：变性、退火和延伸。在变性步骤中，双链 DNA 模板在高温条件下被解开成为单链。接着，在退火步骤中，预先设计的短链引物会与单链 DNA 的特定序列结合，形成稳定的双链区域。最后，在延伸步骤中，DNA 聚合酶识别引物-模板结合处，并开始合成互补链，从而生成目标序列的复制品。PCR 反应中使用的引物是根据目标 DNA 序列的两端设计的，以确保新合成的 DNA 链能够在每个循环中精确地复制目标区域。随着循环次数的增加，理论上，目标 DNA 片段的数量可以呈指数级增长，达到 2^n 的最大值，其中 n 是循环次数。

半定量表达的检测采用了 RT-PCR 技术，这是一种结合了 RNA 的逆转录（reverse transcription，RT）和 cDNA 的聚合酶链式反应的方法。首先，在反转录酶作用下将 RNA（mRNA）反转录成 cDNA，以该 cDNA 第一链为模板进行 PCR 扩增，根据靶基因设计用于 PCR 扩增的基因特异的上下游引物，基因特异的上游引物与 cDNA 第一链退火，在 Taq DNA 聚合酶作用下合成 cDNA 第二链。再以 cDNA 第一链和第二链为模板，用基因特异的上下游引物 PCR 扩增获得大量的 cDNA。具体过程如图 3-13 所示。

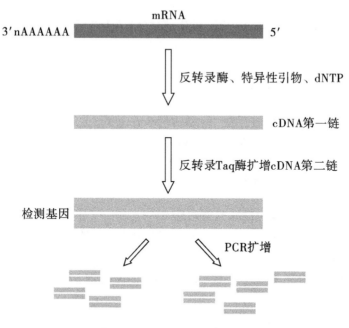

图 3-13 RT-PCR 反应过程

3.6.4 实验流程

（1）按表 3-4 配制相应的 RT-PCR 反应液。

表 3-4 RT-PCR 反应液配方

试剂	终浓度	加入量
一步酶混合液	—	2 μL
2×一步反应溶液 A	—	25 μL
正向引物（10 μmol/L）	0.4 μmol/L[*2]	2 μL
反向引物（10 μmol/L）	0.4 μmol/L[*2]	2 μL
总 RNA[*1]	—	800 ng
dH$_2$O（无 RNA 酶）	—	加至 50 μL

注：① *1：Total RNA 量可根据需要添加。在 50 μL 反转录体系中，最多使用 1 μg Total RNA。

② *2：通常引物终浓度为 0.4 μmol/L 可以得到较好的结果，也可根据具体实验情况在 0.2～1.0 μmol/L 范围内调整引物浓度。

(2) 配制好反应体系后,按照表 3-5 的步骤进行 RT-PCR。

表 3-5 RT-PCR 反应步骤

步骤	温度/℃	时间	循环次数
反转录	50	30 min	1
预变性	94	2 min	1
变性	94	30	
退火	56	30	35
延伸	72	1 min/kb	
最终延伸	72	2～5 min	1

参考前文琼脂糖凝胶电泳方法对 PCR 产物进行电泳。

3.6.5 实验结果

根据电泳结果判断 MT 基因是否出现表达差异。

3.6.6 思考题

(1) 与第四节的 cDNA 合成相比,该实验有何异同?
(2) 第四节合成的 cDNA 能否替代本实验的总 RNA?为什么?

3.6.7 注意事项

(1) 防止 RNase 污染,请保持实验区域洁净,实验所用的离心管、枪头等耗材均需达到无 RNA 酶(RNase-free)级别。

(2) 使用一步酶溶合液(One Step Enzyme Mix)时,应轻轻混匀,避免起泡,使用前先离心,将所有的酶液收集至离心管底部,然后再进行使用,减少损失,酶保存液中甘油浓度较高,应缓慢吸取。

(3) 2×一步反应溶液(One-step reaction solution)(dye plus)使用前用 Vortex 充分混匀并离心。

4. 反应液需在冰上配制,本制品使用完后须尽快放回 -20 ℃ 保存。

5. 使用本制品进行反转录反应时必须使用特异性引物,任意引物、Oligo (dT) 引物不能使用。

3.7 实时荧光定量 PCR 相对定量表达

3.7.1 实验目标

掌握实时荧光定量 PCR(real-time fluorogenic quantitative, real-time qPCR)的原理和方法,分析 MT 基因表达差异。

3.7.2 实验材料

材料:3.5 节合成的 cDNA。

试剂:PowerUp™ SYBR™ Green Master Mix 试剂盒,MT 特异性引物,GAPDH 特异性引物,微生物 16S rRNA 基因扩增引物。

器材:实时荧光定量 PCR 仪(图 3-14)、PCR 板、PCR 膜、枪头等。

图 3-14 赛默飞 QuantStudio 3 实时荧光定量 PCR 仪

3.7.3 实验原理

实时荧光定量 PCR 技术涉及在 PCR 反应中引入荧光标记,并对每个扩增周期中的荧光强度进行实时追踪,以此来实时监控 PCR 扩增过程。通过积累的荧光信号,结合数学模型,可以对未知样本中的目标基因进行精确的定量分析,实现其表达水平的定量测定。

荧光标记技术在分子生物学中广泛应用于 DNA 的检测和定量,主要分为特异性和非特异性两种标记方法。在特异性荧光检测中,常用的 TaqMan Probe

能精确地与特定的 DNA 序列配对。相对地，非特异性检测则倾向于使用 SYBR Green Ⅰ 染料，该染料可与任何双链 DNA 的凹槽部位结合，并在此过程中产生绿色荧光。当 SYBR Green Ⅰ 与新形成的 DNA 双链结合时，会产生强烈的荧光信号。这个信号的强度与体系中 DNA 分子的总数成正比，使我们能够实时监控 PCR 过程中每个循环后产物的荧光强度变化，从而反映 PCR 产物数量的增加。这种方法的优势在于能够提供快速、实时的 DNA 定量结果，对于生物学研究和诊断检测具有重要意义。

qPCR 仪能够实时监测整个 PCR 扩增过程，并记录下荧光标记的扩增产物的信号。这些信号随着 PCR 反应的进行而增强，可以绘制成一条称为扩增曲线的图形。扩增曲线通常包含四个阶段：基线期、指数增长期、线性增长期和平台期（图 3-15）。基线期是扩增曲线的初始水平部分，在 qPCR 的早期阶段，荧光信号较弱，被背景信号所掩盖，因此难以观察到产物量的变化。这一阶段通常发生在前 3～15 个循环中，基线值反映明显荧光增加前的背景荧光水平。进入指数增长期时，PCR 产物的数量开始快速增加，此时产物量的对数与起始模板量之间呈现出线性关系。这一阶段是定量分析的关键，因为它反映了起始模板 DNA 的量。随后是线性增长期，在这一阶段，虽然 PCR 产物仍在增加，但速率已经减慢，不再呈指数级增长。最后，达到平台期，由于反应组分的耗尽或其他限制因素，扩增产物的增加停止，曲线趋于平稳。在这个阶段，PCR 产物的量与起始模板量之间不再有直接的关系，因此不能用来准确计算起始 DNA 的量。因此，在进行定量分析时，必须在指数增长期选择一个合适的循环数（定量点），以准确估计起始模板 DNA 的量。这个定量点通常是通过计算每个样本扩增曲线上的阈值循环（cycle threshold，Ct）来确定的，Ct 值是指达到预设阈值荧光强度所需的循环数。通过比较不同样本的 Ct 值，可以推断出它们起始模板 DNA 的相对数量。

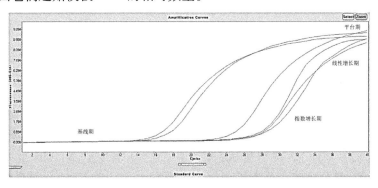

图 3-15　qPCR 扩增曲线

在 qPCR 分析中，为了能够准确比较不同样本，首先需要设定一个荧光阈值。这个阈值是在扩增曲线的指数增长阶段人为设定的一个特定荧光信号强度，通常设置为基线背景信号标准偏差的 10 倍，范围在 3～15 个循环之间。大多数 qPCR 仪器能够自动设定这个阈值。Ct 值是实时 qPCR 分析中的一个关键参数，因为它反映了达到阈值所需的扩增循环数。Ct 值通常位于指数增长阶段，正常范围在 18～35 个循环之间。如果 Ct 值过高或过低，都可能影响实验结果的准确性。在 qPCR 分析中，初始 DNA 模板的量越多，达到荧光阈值所需的循环数就越少。因此，扩增产物浓度的对数值与循环数之间存在线性关系。通过比较不同样本达到阈值的 Ct 值，可以推断出它们初始模板 DNA 的相对数量。

qPCR 的扩增结果可通过绝对定量和相对定量两种途径进行分析，绝对定量需要事先使用标准品绘制与模板浓度相关的标准曲线，再根据标准曲线计算样品中的模板浓度。相对定量则是为精确的起始材料提供相对数量差异，不用得到绝对的拷贝数，只需计算表达差异即可，得到的结果是某基因表达水平升高或降低了多少倍，其计算公式为目标基因浓度/参考基因浓度。参考基因一般为结构基因或看家基因，这些基因在不同条件处理下表达量基本不改变。参考基因也被称为内源性质控品，是样本间差异标准化的基础。相对表达量的计算有两种方式（图 3 – 16），图中 $2^{-\Delta\Delta Ct}$ 表示实验组目的基因表达相对于对照组变化的倍数，其中 $\Delta Ct = Ct_{目的} - Ct_{内参}$，$\Delta\Delta Ct = \Delta Ct_{实验组} - \Delta Ct_{对照组}$。于基于校准品标准化的相对定量方法而言，本方法的准确度还是主要受到目标基因和内参基因 PCR 扩增效率的影响。根据 PCR 方程式（$N = N_0 \cdot E^{Ct}$），拷贝数（N）与初始拷贝数（N_0）、PCR 效率（E）及循环数（Ct）相关。在理想情况下 PCR 反应遵循最大效率 $E = 2$ 的扩增。$\Delta\Delta Ct$ 法假设扩增效率为 2，目的基因与管家基因效率相同（Bustin et al., 2009）。但受到酶活性、目标片段和引物序列长度等影响，PCR 效率很难达到 2。表 3 – 6 列出了不同不同扩增效率与理想扩增效率之间的误差。例如当目标基因（$E = 1.95$）和内参基因（$E = 2.00$）的差值为 0.05 时，30 个循环后计算出的最终结果将达到 2 倍差值。为了得到更准确的结果，我们需要最大程度地优化 PCR 反应条件以便获得一个尽可能近似于 2.0 的扩增效率并且进行效率校正。效率校正使用来自标准曲线的信息为每个反应提供尽可能最高的测定精密度。以一系列梯度稀释品检测的临界点扩增周期（y 轴）对初始模板量（x 轴）作图，所得的最小平方拟合线即为标准曲线（图 3 – 17）。按照公式：$E = 10^{-1/斜率}$ 可直接计算 PCR 效率。利用 qPCR 进行定量分析时，要求扩增效率范围在 190%～210%。若考虑扩增效率，相对定量表达的计算公式变为 $E_T^{CpT(C)-CpT(S)} \times E_R^{CpR(S)-CpR(C)}$（图 3 – 16），其中，$E_T$ 为目标基因的 RCR 效率，E_R 为参考基因的 PCR 效率，C_p 为交叉点的扩增周期，S 为样本，C 为标准。其 $E=2$ 仅仅是其中的一种理想情况（通常情况下可以认为 $C_p = Ct$）。

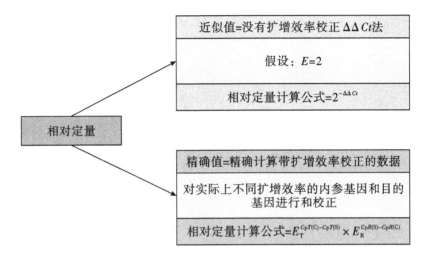

图 3-16　相对定量的两种计算方法

表 3-6　不同的 PCR 效率所导致的 10、20 和 30 个循环后的误差计算

PCR 效率	检测循环数/n		
	10	20	30
2.0	—	—	—
1.97	16%	35%	57%
1.95	29%	66%	113%
1.90	67%	179%	365%
1.80	187%	722%	2260%
<1.7	408%	2080%	13000%

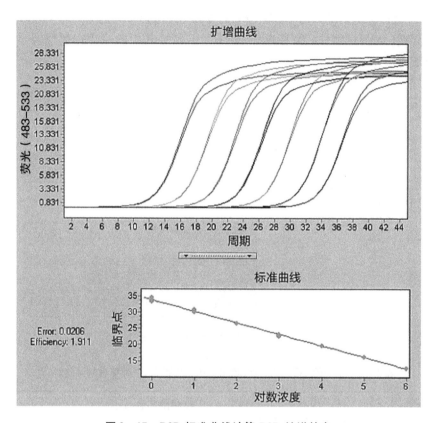

图 3-17 PCR 标准曲线计算 PCR 扩增效率

DNA 的熔解温度（melting temperature，T_m）是指其双螺旋结构解链一半时的温度，这个温度对于不同的 DNA 序列各不相同。DNA 序列中的鸟嘌呤（G）和胞嘧啶（C）含量越高，其 T_m 值也越高，因为 G-C 碱基对之间存在三个氢键，比 A-T 碱基对的两个氢键更稳定，从而需要更高的温度才能解链。利用 SYBR Green I 荧光染料的特性，我们可以通过监测不同温度下 PCR 扩增产物的荧光强度变化来评估扩增的特异性。在 PCR 过程中，随着目标 DNA 双链产物的逐渐增多，与之结合的 SYBR Green I 分子也相应增加，导致荧光信号的增强。PCR 扩增完成后，体系中的双链 DNA 达到最大数量，荧光信号也达到峰值。接下来，通过设置一个从 65 ℃逐渐升至 95 ℃的温度梯度程序，我们可以观察到随着温度的升高，DNA 双链开始解链变为单链，与之结合的 SYBR Green I 分子脱落，导致荧光信号减弱。在特定的温度区间内，会观察到大量 DNA 双链迅速解链，荧光信号急剧下降，这个温度点就是 T_m。当所有 DNA 双链完全解链为单链时，荧光信号降至最低，接近基线水平。整个过程中荧光信号随温度变化的曲线称为熔解曲线,也就是原始图谱。对这个原始图谱进行负导数换算,可以得到熔解曲线的导数图谱。在导数图谱中,熔解峰的位置对应于 T_m 值,这个峰值代表了 DNA 双链解链的中点温度。通过分析熔解曲线,我们可以判断 PCR 产物是否具有特异性,因为特异性的 PCR 产物通常只有一个熔解峰,而非特异性产物或杂交产物可能会导致多个熔解峰的出现(图 3-18)。这种分析方法为 PCR 实验提供了一个重要的后续验证步骤,确保了实验结果的准确性和可靠性。

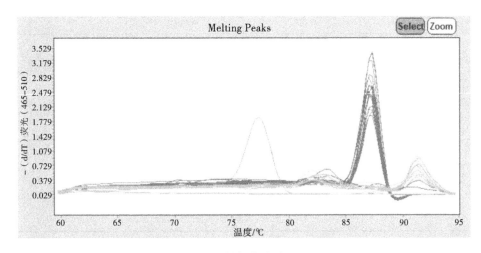

图 3-18 熔解曲线结果展示

3.7.4 实验流程

(1) 制作目标基因和管家基因的梯度稀释样品,后续用以计算扩增效率。
(2) 按照表 3-7 配制 PCR 反应体系。

表 3-7 PCR 反应体系

试剂	使用量
2 × PowerUp SYBR Green Master Mix	10 μL
正向引物和反向引物[*1]	0.4 μmol/L
cDNA 模板和 dd H_2O [*2]	—
总体积	20 μL

注:① *1:建议正、反向引物的终浓度各为 300~800 nmol/L。
② *2:建议每个反应孔使用 1~10 ng cDNA 或 10~100 ng/g DNA。

(3) 反应体系配好后，盖上反应盖，充分涡旋混匀，离心。

(4) 将反应液分装到每个反应孔中。封上贴膜，离心，避免产生气泡。

(5) 将反应板放在实时荧光定量 PCR 仪上，根据需要选择快速或标准 PCR 反应程序，并按照表 3－8 设置反应参数。

表 3－8　实时荧光定量 PCR 反应步骤

步骤	温度/℃	时间	循环次数
UDG 酶激活	50	2 min	1
预变性	95	2 min	1
变性	95	15 s	40
退火	55～60*	15 s	
延伸	72	1 min	

注：*退火温度根据引物的 T_m 值进行设置。

(6) 按照表 3－9 设置熔解曲线参数。

表 3－9　熔解曲线参数

步骤	变温速度/（℃·s^{-1}）	温度/℃	时间
1	1.6	95	15 s
2	1.6	60	1 min
3	0.15	95	15 s

(7) 观察扩增曲线。

(8) 设置合适的基线和阈值得到各反应的 C_p 值，一般软件会自动在指数增长期选择合适的阈值，不用调整（图 3－19）。

第 3 章 植物重金属胁迫响应基因的转录检测、定量和克隆

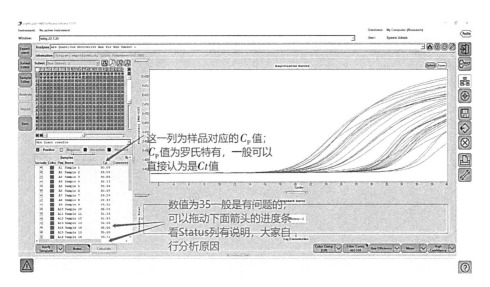

图 3-19 各反应的 C_p 值

（9）观察熔解曲线，检查反应体系中是否存在非特异性扩增或引物二聚体，步骤如图 3-20 所示。

（a）

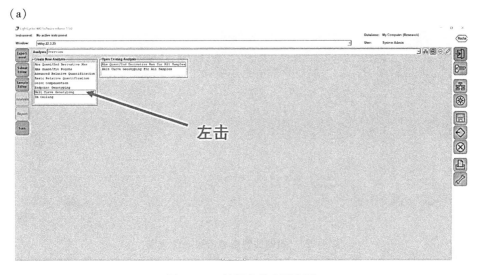

图 3-20 熔解曲线查看步骤

(b)

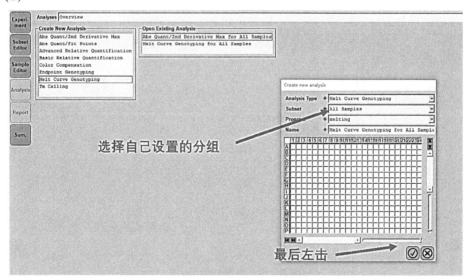

(c)

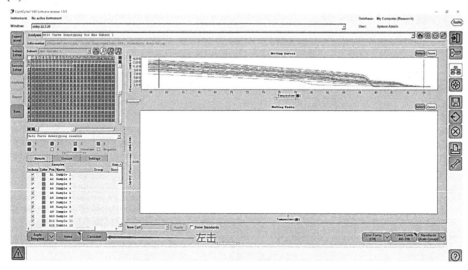

图 3-20　熔解曲线查看步骤（续上图）

(d)

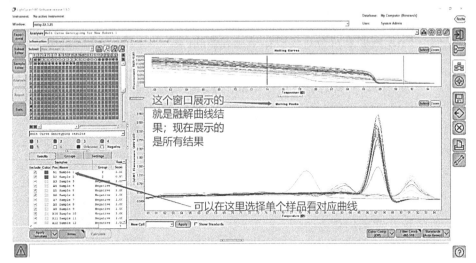

(a) ~ (d): 查看步骤

图 3-20 熔解曲线查看步骤（续上图）

（10）进行相对定量的计算。

根据 $\Delta\Delta Ct$ 法计算目标基因的相对表达量。

（11）计算每个基因的扩增效率：通过标准曲线斜率可准确测定靶基因扩增效率（$E = 10^{-1/斜率}$），标准曲线纵坐标为 C_p 值，横坐标为对数处理后的相对浓度，图 3-21 为 10 倍梯度稀释样品的结果，同时要注意构建的标准曲线必须要 $P < 0.05$。最后按照图 3-16 所给公式计算目标基因的相对表达量。

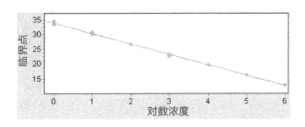

图 3-21 10 倍梯度稀释样品结果

3.7.5 实验结果

（1）观察熔解曲线，检查反应体系中是否存在非特异性扩增或引物二聚体。

（2）观察扩增曲线，设置合适的基线和阈值进行相对定量计算。

（3）比较两种计算方法结果的差异。

3.7.6 思考题

（1）RNA 浓度是否会对实验结果造成影响？
（2）如何保证 qPCR 结果的真实可靠？
（3）如果计算得到的扩增效率异常，你认为可能是什么因素造成的？

3.8 RT-PCR 产物 cDNA 纯化

3.8.1 实验目标

掌握 PCR 产物纯化方法。

3.8.2 实验材料

（1）材料：RT-PCR 产物。
（2）试剂：AxyPrep DNA 凝胶回收试剂盒，琼脂糖，TAE 缓冲液，GeneGreen 核酸染料，6×载样缓冲液。
（3）器材：微波炉、电泳仪、电泳槽、水浴锅、离心机、紫外灯、Epoch 超微量蛋白核酸分析仪等。

3.8.3 实验原理

电泳胶回收纯化 cDNA 的技术是一种常用于分子生物学的方法，它允许研究人员从含有多种 DNA 片段的凝胶中提取出特定的片段。这个过程涉及几个关键步骤，包括电泳、切割、融化、结合、洗涤和洗脱。首先，将含有 cDNA 的样品应用于琼脂糖凝胶上，并进行电泳。电泳是利用电场力作用于带电的分子，使其在凝胶中迁移。由于 DNA 分子带负电，它们会向阳极迁移。不同大小的 DNA 分子在凝胶中的迁移速度不同，这样就可以根据大小将它们分离开来。通常，较小的 DNA 分子会迁移得更快，而较大的分子则迁移得慢。在电泳结束后，可以使用紫外线照射凝胶，并通过染色剂如乙酰胺基苯甲酸来观察 DNA 条带。在目标 DNA 片段被定位后，研究人员会在紫外线下观察并切割出含有目标片段的凝胶区域。这一步需要小心操作，以避免 DNA 损伤或污染。切割下来的凝胶块随后被转移到一个离心管中，并加入特定的缓冲液。这个缓冲液通常含有高浓度的盐，它能够帮助 DNA 从凝胶中释放出来。加热凝胶块可以使其融化，从而释放出 DNA 分子。融化的凝胶溶液随后被转移到一个含有硅胶膜的离心柱中。在这个步骤中，DNA 分子会特异性地结合到硅胶膜上。这是因为硅胶膜表面有许多孔隙，DNA 分子可以进入这些孔隙并与硅胶膜内部的带正电的基团结合。由于 DNA 带负电，它会被这些带正电的基团吸引并固定在硅胶膜上。随后，通过加入洗涤缓冲液，可以去除未结合的杂质，如蛋白质、小分子和盐分。最后，通过加入洗脱缓冲液或水，可以将结合在硅胶膜上的 DNA 洗脱下来。洗脱缓冲液通常是低盐或无盐的，这样可以减少 DNA 与硅胶膜的亲和力，使 DNA 分子从硅胶膜上解离。洗脱后的溶液中含有纯化的 cDNA，可以用于后续的实验分析。

这个技术的优点是可以从复杂的样品中提取出高纯度的 DNA，而且操作相对简单。但是这项技术也有一些局限性，比如在紫外线下长时间曝光可能会导致 DNA 损伤。此外，硅胶膜的结合容量有限，对于大量的 DNA 可能需要多次洗脱。总的来说，电泳胶回收纯化 cDNA 的技术是一种有效的方法，可以用于从凝胶中提取特定大小的 DNA 片段，为分子克隆、序列分析和其他分子生物学研究提供了有力的工具。通过这种方法，研究人员可以确保获得的 cDNA 片段是目标序列，且纯度高，适合进一步的实验操作。

3.8.4 实验流程

（1）称取 0.5 g 琼脂糖，加入 1×TAE 缓冲液至 50 mL。

（2）将琼脂糖溶液用微波炉加热至完全溶解。

（3）待降温至 60 ℃，加入 5 μL 染料（GeneGreen），快速混匀，倒入胶盘中，插入梳子（注意要使用宽槽的梳子，没有的话可以用透明胶将两个窄槽封起来变为一个槽），室温放置 20 min 冷却凝固。

（4）将胶盘置于电泳槽中，向电泳槽中加入 TAE 缓冲液至液面覆盖凝胶 1～2 mm。

（5）垂直向上拔出梳子。

（6）用移液器吸取 1 μL 的 6×载样缓冲液于封口膜上。

（7）加入 cDNA 20 μL，混匀后加入点样孔。

（8）使用 5～8 V/cm 电压进行电泳 20～30 min。

（9）在紫外灯的照射下，仔细地从琼脂糖凝胶中切割出包含目标 DNA 的部分，随后使用吸水纸轻轻地吸去凝胶表面的任何残留液体，并将凝胶切成小块。然后，称量凝胶的质量（确保已经记录了空的 1.5 mL 离心管的重量），并以此作为凝胶的体积换算依据（例如，100 mg 的凝胶相当于 100 μL 的体积）。

（10）将体积为凝胶块体积的三倍的 DE-A 缓冲液加至凝胶中，确保混合均匀。然后在 75 ℃ 的条件下加热以熔化凝胶（对于低熔点琼脂糖凝胶，应在 40 ℃ 下加热）。在加热过程中，每隔 2～3 min 轻轻搅拌 1 次，直到凝胶完全液化，该过程通常需要 6～8 min。

（11）加 0.5 倍 DE-A 体积的 DE-B 缓冲液，混合均匀。

（12）轻柔地吸取步骤 11 得到的混合液，小心地转移到已经放置在 2 mL 离心管中的 DNA 制备管里。接着，以 12000×g 离心 1 min。完成后，丢弃通过滤膜过滤后的液体。

（13）将制备管重新放入 2 mL 的离心管中，向其中加入 500 μL 的 W1 缓冲液，然后以 12000×g 离心 30 s，之后丢弃滤过的液体。

（14）重新将制备管放入 2 mL 的离心管中，加入 700 μL 的 W2 缓冲液，以 12000×g 离心 30 s 后，废弃掉滤液。然后，再次使用 700 μL 的 W2 缓冲液进行洗涤，并以 12000×g 离心 1 min，完成后，同样丢弃滤液。这一连续的洗涤步骤有助于确保 DNA 纯化过程中杂质的彻底去除。

（15）将制备管置回 2 mL 离心管中，以 12000×g 离心 1 min。

（16）将制备管放入一个新的 1.5 mL 离心管中，然后在制备膜的中心滴加 25～30 μL 的 Eluent 或去离子水。让其在室温下静置 1 min，之后以 12000×g 离心 1 min，以此来洗脱并收集 DNA。

（17）使用 Epoch 超微量蛋白核酸分析仪检测纯化产物的纯度与浓度。

3.8.5　实验结果

根据电泳和核算分析仪的结果判断胶回收纯化效果。

3.8.6　思考题

你认为胶回收纯化具体去除了哪些杂质？

3.8.7　注意事项

（1）在实验时将凝胶切割成小块可以有效减少其熔化所需的时间（因为线性 DNA 在高温下容易水解），这样做有助于提升 DNA 的回收效率。同时，应避免将含有 DNA 的凝胶长时间暴露于紫外光下，以降低紫外线对 DNA 的潜在损害。

（2）凝胶必须完全熔化，否则将严重影响 DNA 回收率。

（3）将 Eluent 或去离子水加热至 65 ℃，有利于提高洗脱效率。

3.9 cDNA 分子克隆

3.9.1 实验目标

掌握基因异源表达的方法。

3.9.2 实验材料

(1) 材料：cDNA 纯化产物、感受态细胞。

(2) 试剂：TaKaRa PMD™ 19-T Vector Cloning Kit、LB 固体培养基、LB 液体培养基、氨苄青霉素（ampicillin，Amp）、5-溴-4-氯-3-吲哚-β-D-半乳糖苷（X-gal）、异丙基硫代-β-D-半乳糖苷（isopropyl-beta-D-thiogalactopyranoside，IPTG）、LB/Amp/X-gal/IPTG 平板培养基。

(3) 器材：超净工作台、灭菌锅、涂布器、摇床等。

3.9.3 实验原理

基因克隆技术，亦称作 DNA 分子克隆，涉及将特定的 DNA 片段与载体 DNA 结合，形成一个可在宿主细胞内复制的重组 DNA 分子。这一过程使得目标 DNA 能够在受体细胞中大量复制。RT-PCR 技术产生的 cDNA 是通过成熟 mRNA 的反转录得到的，不包含任何内含子等非编码序列，使得基因克隆过程能够选取并复制特定的 cDNA 分子。基因克隆过程依赖于多种生物工具和条件，包括克隆载体、宿主细胞、连接酶和限制酶等。在目标基因被扩增后，它需要被插入克隆载体中，转化到宿主细胞，并经过筛选以确认和保存目标基因的克隆体。这些步骤共同构成基因克隆的核心流程，为进一步的基因表达和功能研究提供了基础。

基因克隆载体，是一种特殊的 DNA 分子，它能够携带并传递外源基因到宿主细胞中，实现基因的稳定遗传。这些载体具备高效转移外源基因到宿主细胞、提供外源基因复制或整合的能力，以及为外源基因扩增或表达创造条件的多重功能。有效的克隆载体需满足三大要素：克隆位点，即外源 DNA 插入的位置；自我复制的能力，或者能够整合进宿主细胞染色体并随其复制；选择性标记基因，用于验证重组 DNA 的成功转化。根据起源和特性，常见的载体类型包括质粒、噬菌体或病毒 DNA，以及人造染色体载体；而基于功能和用途，载体分为克隆载体和表达载体，前者主要用于在大肠杆菌中增加基因序列的拷贝数，后者则除了增加拷贝数外，还能在宿主细胞中实现目标蛋白的表达。质粒载体是实验室中广泛使用的一种工具，它基于自然界中存在的质粒，但经过人工改造以适应实验室的需求。这些改造包括去除非必要的序列，减轻分子量，以便更容易进行基因工程操作。这些载体通常包含多个限制酶识别位点，这些位点构成了所谓的多克隆位点序列，允许多种 DNA 片段的插入。此外，质粒载体还包含至少一个选择性标记基因，如抗生素抗性基因，这些基因可以是氨苄青霉素、卡那霉素（kanamycin, Kan）、四环素（tetracycline, Tet）或链霉素（streptomycin, Str）抗性基因。特别的，T 克隆质粒载体包含一个人工合成的 DNA 片段，上面有多个单一的酶切位点，这些位点是外源 DNA 插入的位置。它们还包含一个选择性标记基因，通常是氨苄青霉素抗性基因，以及大肠杆菌 DNA 的一个短片段，其中包含 β-半乳糖苷酶基因（*LacZ*）的调控序列和编码前 146 个氨基酸的 α 肽段的信息。在克隆 PCR 产物时，T 克隆质粒载体利用 Taq 酶的非模板依赖性活性，在 3′端添加一个非配对的 A，形成黏性末端。然后，这些带有非配对 T 的载体可以直接与 PCR 产物进行 TA 克隆，即将 PCR 产物的 A 末端与载体的 T 末端连接起来。这种方法简化了克隆过程，使得将 PCR 产物插入到载体中变得更加高效。T 克隆质粒载体在克隆 PCR 产物时，PCR 产物首先在 Taq 酶的非模板依赖活性作用下，于 3′端加一非配对的 A（黏性末端），再由其 5′端各带一不配对 T 的 pMD^{TM}19-T 载体（图 3-22，赛默飞分子克隆手册）直接与 PCR 产物 TA 连接进行克隆，即 TA 克隆。

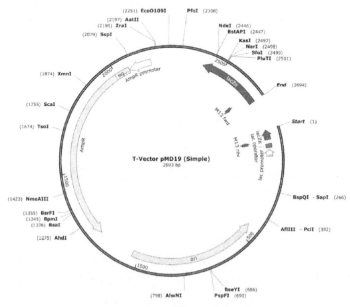

图 3-22　pMD^{TM}19-T 载体结构

限制性内切酶和 T_4 DNA 连接酶是分子克隆实验中的关键酶类,它们分别充当着精确切割和精细连接 DNA 片段的工具。内切酶的命名体现了其来源,包括属名、种名和菌株或血清型的首字母,以及一个罗马数字来区分同一菌株中的不同酶。例如 HindⅢ酶(或者按照早期命名规则命名为 Hind Ⅲ)中"H"代表 *Haemophilus*,"in"代表 *influenzae*,"d"代表血清型 d,"Ⅲ"用以区分来自同宿主的其他内切酶。连接最常用的酶为 T_4 DNA 连接酶,可连接 DNA 末端的 5′磷酸基和 3′羟基。T_4 DNA 连接酶则用于将 DNA 片段的 5′磷酸端和 3′羟基端连接起来,这一过程需要 ATP、DTT 和 Mg^{2+} 等因子的参与(图3-23,赛默飞分子克隆手册)。为了优化连接效率,建议根据插入片段与载体的摩尔比来调整反应条件,比例通常为1∶1至5∶1。在连接效率不高或处理平端 DNA 片段时,可以添加聚乙二醇(polyethylene glycol,PEG)等物质以提升反应混合物的浓度,从而增强连接效率。这些步骤确保了 DNA 序列的有效重组,为后续的基因表达和功能研究奠定基础。

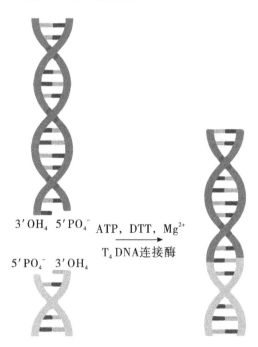

图3-23 T_4 DNA 连接反应

在分子生物学实验中,大肠杆菌(*Escherichia coli*)经常被选作外源基因表达的理想宿主,因为它的遗传特性已被深入研究,操作简便,培养成本低,且适合于大规模生产。大肠杆菌作为表达系统的优势在于其高效的基因表达能力，使其成为许多实验的首选。感受态细胞是经过特殊处理以增加细胞膜的透性，从而更容易吸收外源 DNA 的细胞。常见的感受态细胞制备方法包括使用氯化钙以及电穿孔技术处理细菌细胞，后者通过短暂的电脉冲在细胞膜上形成微小孔隙，促进 DNA 的吸收。在基因克隆实验中，常用的大肠杆菌菌株有 DH5α、TOP10、HB101、JM109 和 BL21（DE3）等，其中 JM109 菌株含有 *LacZ* 基因的 C 端编码序列，这一特性可用于抗性基因的筛选工作。这些工具和技术的结合，为基因克隆和蛋白质表达提供了强大的平台。

在将质粒转化至大肠杆菌后需要进行阳性克隆筛选，常使用的筛选方法是蓝白斑筛选（图 3-24，赛默飞分子克隆手册）。在分子克隆技术中，T 克隆质粒载体和大肠杆菌 JM109 的配合使用是一种高效的策略，可用于区分含有目的基因插入的重组质粒。T 克隆质粒载体包含 *LacZ* 基因的 α 肽段编码序列，而 JM109 菌株则携带该基因的 β 肽段编码序列。这两部分在单独存在时无法表现出酶活性，但当它们在同一细胞内互补时，能够恢复 β-半乳糖苷酶的活性。当含有 α 肽段的载体被引入 JM109 细胞并在 IPTG 的诱导下表达时，α 肽段与细胞内的 β 肽段结合，形成活性的 β-半乳糖苷酶。这种酶能够将 X-gal 水解，产生蓝色产物，使得转化细胞的菌落呈现蓝色。如果外源基因被插入到载体的 *LacZ* 基因中，这将阻断 β-半乳糖苷酶的形成，因此，含有外源基因的重组质粒转化的菌落将不会呈蓝色，而是保持白色。此外，抗生素抗性基因的存在为筛选提供了另一层保障，在含有特定抗生素的培养基中，只有那些成功转化并含有抗生素抗性基因的细胞才能生长。因此，通过结合蓝白斑筛选和抗生素抗性筛选，可以有效地识别和选择含有目的基因的重组质粒：未转化的细胞由于缺乏抗性而无法生长，而含有空载体的细胞会形成蓝色菌落，含有重组质粒的细胞则形成白色菌落。通过这种方法，我们可以轻松地从众多菌落中挑选出含有目的基因的白色菌落进行进一步的培养和研究。这种筛选技术是分子生物学实验中的一个重要工具，它简化了基因克隆过程，并提高了实验的效率和准确性。

第3章 植物重金属胁迫响应基因的转录检测、定量和克隆

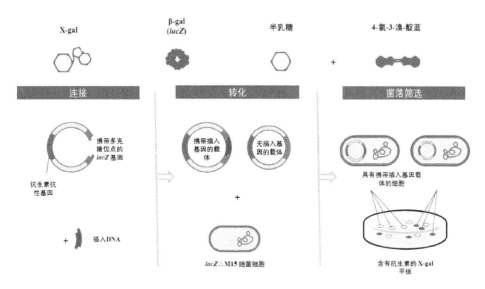

图 3-24 蓝白斑筛选原理和表现

蓝白斑筛选方法仅能确认是否有片段插入到质粒中并被受体吸收转化，为了更具体地鉴定插入片段，必须进一步分析转化的菌落。检测目标基因最直接的方法是根据质粒设计的引物进行 Sanger 测序，确认目标基因是否在质粒上。pMD^{TM}19 - T 载体常用检测引物为 M13R/F（CAGGAAACAGCTATGACC/TGTAAAACGACGGCCAGT）。

3.9.4 实验流程

（1）配置选择性培养基：在超净台将灭菌的 LB 固体培养基 50 mL 冷却到 60 ℃左右（手触不会很烫），加入 50 μL Amp、50 μL IPTG、100 μL X-gal 后均匀混合后，倒平板。

（2）在微量离心管中配制表 3-10 的 DNA 溶液，全量为 5 μL。

表 3-10 DNA 溶液配方

试剂	使用量
pMD19 - T Vector	1uL
Insert DNA	0.1 pmoL ~ 0.3 pmoL
无菌水	加至 5 uL

（3）加入 5 μL（等量）的 Solution Ⅰ 。

（4）16 ℃反应 30 min。

（5）半量（5 μL）加入至 50 μL JM109 感受态细胞中（1.5 mL 离心管），轻轻摇匀后冰上放置 20～30 min。

（6）42 ℃热激 45 s 后，立即在冰上放置 1～2 min，禁止摇动。

（7）在超净台加入 445 μL LB 液体培养基，37 ℃下 220 r/min 震荡培养 2 h。

（8）在超净台取 250 μL 培养液，用三角涂布器涂布于含有 X-gal/IPTG/Amp 的琼脂平板上，注意要把平板涂布至干燥没有液体流动，然后用封口膜封口。

（9）37 ℃过夜培养，通过蓝/白菌落筛选挑选白色菌落。

（10）克隆子摇菌培养，质粒回收测序。

3.9.5　实验结果

（1）根据蓝白斑结果挑选合适的克隆子。

（2）根据测序结果判断目标基因是否转化成功。

3.9.6　思考题

（1）如何挑选合适的克隆子？

（2）之后如何进一步确定基因的异源表达？

3.10　过氧化物酶、超氧化物歧化酶活性测定

3.10.1　实验目标

（1）了解过氧化物酶（POD）、超氧化物歧化酶（SOD）的作用。

（2）掌握测定过氧化物酶、超氧化物歧化酶活性的原理和方法。

3.10.2　实验材料

（1）材料：水稻叶片、水稻根部。

（2）试剂：过氧化物酶测试盒、超氧化物歧化酶测试盒、0.1 mol/L 磷酸缓冲液。

（3）器材：试管、微量移液器、旋涡混匀器、水浴锅、低速离心机、可见分光光度计、96 孔板、37 ℃恒温孵育箱、酶标仪（波长 450 nm）等。

3.10.3 实验原理

过氧化物酶是植物体内普遍存在且活性较高的一种酶,该酶催化以 H_2O_2 为氧化剂的氧化还原反应,在氧化其他物质的同时,将 H_2O_2 还原为 H_2O,用以清除细胞内的 H_2O_2,是植物体内的保护酶之一。在有 H_2O_2 存在时 POD 能催化多酚类芳香族物质氧化形成各种产物,如作用于愈创木酚(邻甲氧基苯酚)生成四邻甲氧基苯酚(棕红色产物,聚合物),该产物在 470 nm 处有特征吸收峰,且在一定范围内其颜色的深浅与产物的浓度成正比,因此可通过分光光度法进行间接测定 POD 活性。

超氧化物歧化酶是一类能催化超氧阴离子自由基(O^{2-})歧化为 H_2O_2 和 O_2 的酶。由于 O^{2-} 寿命短,不稳定,不易直接测定 SOD 活性,因此采用 WST-1 法间接检测。WST-1 即一种水溶性四唑盐试剂,WST-1 可以和黄嘌呤氧化酶催化产生的超氧化物阴离子反应产生水溶性的甲臜染料,该反应步骤可以被 SOD 所抑制。通过对 WST-1 产物的比色分析即可计算 SOD 的酶活力。

3.10.4 实验流程

1. 获得酶提取液

(1) 称取 0.2 g 植物材料(可视情况调整,需准确),加液氮研磨成细末。

(2) 加入 1.8 mL 磷酸缓冲液[按照重量(g):体积(mL)=1:9 的比例加入],冰浴中研磨 5 min(若提取液冻结则等其在冰上融化后再研磨)。

(3) 提取物分装到 2 mL 小离心管中,迅速 10000 r/min 离心 10 min,上清液移至干净离心管置低温下(置于 4 ℃ 冰箱中或冰浴中)备用。

2. 过氧化物酶(POD)活力测定

(1) 参考试剂盒说明书完成实验前处理。

(2) 结果测定:混匀后 3500 r/min 离心 10 分钟,取上清液。设置光径为 1 cm,用调零双蒸水,于 420 nm 处测定 OD 值。

(3) 酶活力计算,公式如下:

$$\text{POD}(U/mgprot) = \frac{A_1 - A_0}{12 \times d} \times \frac{V_t}{V_s} \div T \div TCpr \times 1000 \qquad (3-1)$$

其中,A_1 为测定管 OD 值;A_0 为对照管 OD 值;V_t 为反应体系总体积(mL);V_s 为取样量(mL);d 为比色光径(cm);T 为反应时间(min);Cpr 为匀浆蛋白浓度(mgprot/mL)。

3. 超氧化物歧化酶(SOD)活性测定

(1) 参考试剂盒说明书完成实验前处理。

(2) 结果测定：450 nm 处酶标仪读数。
(3) 酶活力计算，公式如下：

$$\text{SOD 抵制率（\%）} = \frac{(A_0 - A_{0b}) - (A_1 - A_{1b})}{(A_0 - A_{0b})} \quad (3-2)$$

$$\text{SOD 活动（U/g 组织）} = SOD \text{ 抵制率} \div 50\% \times N_0 \times N_1 \div \frac{m}{v} \quad (3-3)$$

其中，A_0 为对照管 OD 值；A_{0b} 为对照空白管 OD 值；A_1 为测定管 OD 值；A_{1b} 为测定空白管 OD 值；N_0 为反应体系稀释倍数；N_1 为样本测试前稀释倍数；m 为组织称重（g）；v 为所加匀浆缓冲液（mL）。

3.10.5 实验结果

根据实验结果判断 Cd 胁迫对相关酶活性的影响。

3.10.6 思考题

(1) 两种酶的活性为什么要用间接方法测定？
(2) 实验过程的反应时间对测定结果有何影响？

3.11 可溶性蛋白含量的测定

3.11.1 实验目标

掌握植物组织可溶性蛋白含量测定原理与方法。

3.11.2 实验材料

(1) 材料：水稻叶片、水稻根部。
(2) 试剂：Tris-HCl、二硫苏糖醇、抗坏血酸、半胱氨酸、EDTA、考马斯亮蓝 G-250 染料、牛血清蛋白 BSA（标准蛋白质溶液）。
(3) 器材：低速离心机、可见分光光度计、电子天平等。

3.11.3 实验原理

考马斯亮蓝（coomassie brilliant blue）法测定蛋白质浓度，是一种利用蛋白质—染料结合的原理，定量测定微量蛋白浓度快速、灵敏的方法。这种蛋白质测定法具有超过其他方法的突出优点，因而正在得到广泛的应用。目前，这一方法也是灵敏度最高的蛋白质测定法之一。考马斯亮蓝 G-250 在游离态下呈棕红色,当与蛋白质的疏水区结合后变成蓝色,后者在 595 nm 波长处有最大光吸收峰。染料主要是与蛋白质中的碱性氨基酸(特别是精氨酸)和芳香族氨基酸残基相结合。在一定范围内,蛋白质含量与颜色的深浅成正比,可用比色法测定。

3.11.4 实验流程

(1) 配置蛋白质提取液:Tris-HCl 0.1 mol/L,pH = 8.8(内含 2 mmol/L 二硫苏糖醇、2 mmol/L 抗坏血酸、2 mmol/L 半胱氨酸、5 mmol/L EDTA)。

(2) 提取植物可溶性蛋白:称取适量的植物材料(称重),加入 2～3 倍体积的蛋白质提取液,冰浴充分研磨,4 ℃、12000 × g 离心 10 min,取上清液进行蛋白质含量测定,并放置 -20 ℃ 备用。

(3) 取 6 支试管按表 3-11 操作,摇匀,5 min 后比色(595 nm),1 号管为对照管。作吸光度 - 蛋白浓度曲线。

表 3-11 标准样品设置

管号	1	2	3	4	5	6
100 μg/mL 标准蛋白质	0	20 μL	40 μL	60 μL	80 μL	100 μL
考马斯亮蓝 G-250 染料	4.9 mL					
吸光度(A_{595})						

(4) 准确吸取样品上清液 0.1 mL 置于净试管中,加入考马斯亮蓝 G-250 染料 4.9 mL 并摇匀,5 min 后比色(595 nm),得吸光度(A)。对照标准曲线求出样品蛋白含量。

(5) 根据下式计算蛋白质含量:

$$样品中蛋白质的含量(mg/g) = \frac{c \times V_T}{V_S \times W_F \times 1000} \quad (3-4)$$

其中,c 为查标准曲线值(μg);V_T 为提取液总体积(mL);W_F 为样品鲜重(g);V_S 为测定时加样量(mL)。

3.11.5 实验结果

根据比色结果计算植物组织的可溶性蛋白含量。

3.11.6　思考题

（1）除考马斯亮蓝法以外还有哪些检测蛋白浓度的方法？请比较它们的优劣。

（2）请简述比色皿在使用前和使用时的注意事项以及操作不当所造成的影响。

3.11.7　注意事项

（1）在试剂加入后的 5～20 min 测定光吸收，因为在这段时间内颜色是最稳定的。

（2）测定中，蛋白—染料复合物会有少部分吸附于比色皿壁上，测定完后可用乙醇将蓝色的比色皿清理干净。

（3）利用考马斯亮蓝法分析蛋白必须要掌握好分光光度计的正确使用，重复测定吸光度时，比色皿一定要冲洗干净，制作蛋白标准曲线的时候，蛋白标准品最好是从低浓度到高浓度测定，防止误差。

3.12　可溶性蛋白的分离

3.12.1　实验目标

掌握植物组织可溶性蛋白分离的原理与方法。

3.12.2　实验材料

（1）材料：可溶性蛋白提取液。

（2）试剂：30% 丙烯酰胺凝胶储备液（丙烯酰胺：甲叉双丙烯酰胺 = 29∶1），分离胶缓冲液（1.5 mol/L Tris-HCl，pH = 8.8），浓缩胶缓冲液（1.0 mol/L Tris-HCl，pH = 6.8），10% SDS，10% APS，SDS-PAGE 电极贮存液，考马斯亮蓝 R-250、冰乙酸、乙醇。

（3）器材：电泳仪、垂直电泳槽、烧杯、水浴锅等。

3.12.3　实验原理

可溶性蛋白质分离主要通过十二烷基硫酸钠（sodium dodecylsulfate，SDS）-

聚丙烯酰胺凝胶电泳（SDS-PAGE）进行。聚丙烯酰胺凝胶是由丙烯酰胺（acrylamide，Am）和交联剂 N，N′-亚甲基双丙烯酰胺（methylene-bis-acrylamide，Bis）在催化剂过硫酸铵（ammonium persulphate，APS）和 N，N，N′，N′-四甲基乙二胺（N,N,N′,N′-Tetramethylethylenediamine，TEMED）作用下，聚合交联形成的具有网状立体结构的凝胶，并以此为支持物进行电泳。PAGE 根据其有无浓缩效应，分为连续系统和不连续系统两大类，连续系统电泳体系中缓冲液 pH 及凝胶浓度相同，带电颗粒在电场作用下，主要靠电荷和分子筛效应。在不连续系统中，由于缓冲液离子成分、pH、凝胶浓度及电位梯度具有不连续性，带电颗粒在电场中泳动不仅有电荷效应、分子筛效应，还具有浓缩效应，因而其分离条带清晰度及分辨率均较前者更佳。不连续体系由电极缓冲液、浓缩胶及分离胶所组成。浓缩胶是由 AP 催化聚合而成的大孔胶，凝胶缓冲液为 pH=6.7 的 Tris-HCl 缓冲液。分离胶是由 AP 催化聚合而成的小孔胶，凝胶缓冲液为 Tris-HCl（pH=8.9）。电极缓冲液是 Tris-甘氨酸缓冲液（pH=8.3）。2 种孔径的凝胶、2 种缓冲体系、3 种 pH 使不连续体系形成了凝胶孔径、pH、缓冲液离子成分的不连续性，这是样品浓缩的主要因素。

SDS 是一种阴离子表面活性剂能打断蛋白质的氢键和疏水键，并按一定的比例和蛋白质分子结合形成密度相同的短棒状复合物，不同分子量的蛋白质形成的复合物的长度不同，其长度与蛋白质分子量呈正相关，使蛋白质带负电荷的量远远超过其本身原有的电荷，掩盖了各种蛋白分子间天然的电荷差异。对于 SDS-PAGE，由于在电泳体系中加入了 SDS，各种蛋白质与 SDS 形成的复合物在电泳时的迁移率不再受原有电荷和分子形状的影响，而只是按照分子的大小由凝胶的分子筛效应进行分离，其有效迁移率与分子量的对数成线性关系。

浓缩胶的作用是产生堆积作用，凝胶浓度较小，孔径较大，把较稀的样品加在浓缩胶上，经过大孔径凝胶的迁移作用而被浓缩至一个狭窄的区带。当样品液和浓缩胶选 TRIS/HCL 缓冲液，电极液选 TRIS/甘氨酸，电泳开始后，HCL 解离成氯离子，甘氨酸解离出少量的甘氨酸根离子，蛋白质带负电荷，因而一起向正极移动，其中氯离子最快，甘氨酸根离子最慢，蛋白居中。电泳开始时氯离子泳动率最大，超过蛋白，因此在后面形成低电导区，而电场强度与低电导区成反比，因而产生较高的电场强度，使蛋白和甘氨酸根离子迅速移动，以形成稳定的界面，使蛋白聚集在移动界面附近，浓缩成一中间层。

3.12.4　实验流程

（1）制备分离胶：取一个干净的小烧杯，顺序加入下表中的试剂，小心搅匀（避免产生气泡），迅速将凝胶溶液沿长玻璃加入已准备好的两块玻璃板之间，凝胶液面以 2/3 短玻璃板长度为宜，等分离胶聚合后，吸尽分离胶表面的水分。

（2）制备浓缩胶：取一个干净的小烧杯，按顺序加入表 3-12 中的试剂，小心搅匀。将配制好的浓缩胶迅速注入分离胶之上，立即插上样品模板梳。聚合后，轻轻取出样品模板梳和塑料胶条，重新装好电泳槽，加入电极缓冲液，使液面没过短玻璃板。

表 3-12　分离胶和浓缩胶制备的试剂及剂量

分离胶制备（凝胶浓度12%，总体积20 mL）		浓缩胶制备（凝胶浓度5%，总体积10 mL）	
试剂	体积	试剂	体积
水	6.6 mL	水	6.8 mL
凝胶贮备液	8.0 mL	凝胶贮备液	1.7 mL
1.5 mol/L Tris-HCl（pH=8.8）	5.0 mL	1.0 mol/L Tris-HCl（pH=6.8）	1.25 mL
10% SDS	0.2 mL	10% SDS	0.1 mL
10% APS	0.2 mL	10% APS	0.1 mL
TEMED	8.0 μL	TEMED	10.0 μL

（3）加样和电泳：蛋白质样品加入 1/5 体积的 5×SDS 凝胶加样缓冲液（如 4 μL 蛋白质样品 + 1 μL 5×SDS 凝胶加样缓冲液），于 100 ℃ 水浴加热 3 min 使蛋白质变性，用微量移液器将变性后的蛋白质样品注入浓缩胶样品槽中，上样量一致。接通电泳槽电源，30 mA 恒流电泳，待样品进入分离胶后调整电流为 40 mA，继续进行电泳。

（4）染色：电泳完毕后，将凝胶剥离放入合适的培养皿中，倒入染色液染色，染色 30 min。

（5）脱色：染色完成后，回收染色液，加入脱色液，直到蛋白质条带清晰即可。

3.12.5　实验结果

观察不同重金属浓度胁迫下植物可溶性蛋白分离结果的差异。

3.12.6 思考题

（1）请简述影响电泳结果的因素。如果跑出来的条带不平整，你认为是什么原因导致的？

（2）配胶时什么因素会影响胶的凝固？

（3）凝胶的浓度对电泳有何影响？

3.12.7 注意事项

（1）APS 和 TEMED 是促凝的，可以根据温度调整添加的量，一般不超过 30%。

（2）玻璃板一定要洗干净，否则制胶是会有气泡。

（3）聚丙烯酰胺具有神经毒性，操作时注意安全，戴手套（凝胶以后，聚丙烯酰胺毒性降低）。

（4）凝胶的时间要严格控制好，一般在 20～30 min。

（5）点样时，如果孔比较多，尽量点在中央（点在边上时，跑出的带是斜的）。

（6）点样前要排尽胶底部的气泡，防止干扰电泳。

（7）电泳结束后，取胶时，小心把玻璃板翘起（防止再次落下）。

（8）脱色时，尽量多次进行换水。

（9）上样量不宜太高，每个孔的蛋白含量控制在 10～50 μg，一般小于 15 μL。

（10）做胶时，凝胶时间控制在 25 min。梳子须一次平稳插入，梳口处不得有气泡，梳底需水平。

（11）上样时，Marker 最好标在中间，边上的孔尽量不要上样。

（12）制胶时，在加 APS 前尽量不要搅拌，加入 APS 后可以轻轻搅拌，不要产生气泡。

（13）分离胶缓冲液的 pH 一定要准确，尽量在 20 ℃左右调节 pH 至 8.8。

（14）安装电泳槽时要注意均匀用力旋紧固定螺丝，防止夹坏玻璃板，避免缓冲液渗漏。

（15）凝胶配制过程要迅速，催化剂 TEMED 要在注胶前再加入，否则凝结无法注胶。注胶过程最好一次性完成，避免产生气泡。

（16）微量注射器（加样器）上样时，注射器不可过低，以防刺破胶体；也不可过高，否则样品下沉时易发生扩散，溢出加样孔。

（17）剥胶时要小心，保持胶完好无损，染色要充分。

参考文献

［1］ LI W X, CHEN T B, HUANG Z C, et al. Effect of arsenic on chloroplast ultrastructure and calcium distribution in arsenic hyperaccumulator *Pteris vittata* L ［J］. Chemosphere, 2006, 62 (5): 803-809.

［2］ SANDALIO L M, DALURZO H C, GOMEZ M, et al. Cadmium-induced changes in the growth and oxidative metabolism of pea plants ［J］. Journal of experimental botany, 2001, 52 (364): 2115-2126.

［3］ SINGH N, MA L Q, VU J C, et al. Effects of arsenic on nitrate metabolism in arsenic hyperaccumulating and non-hyperaccumulating ferns ［J］. Environmental pollution, 2009, 157 (8-9): 2300-2305.

［4］ HUANG Y, HU Y, LIU Y. Heavy metal accumulation in iron plaque and growth of rice plants upon exposure to single and combined contamination by copper, cadmium and lead ［J］. Acta ecologica sinica, 2009, 29 (6): 320-326.

［5］ HUSSAIN B, ASHRAF M N, ABBAS A, et al. Cadmium stress in paddy fields: effects of soil conditions and remediation strategies ［J］. Science of The Total Environment, 2021, 754: 142188.

［6］ 张功领, 刘长风, 张晓宇, 等. 土壤中重金属形态研究 ［J］. 吉林农业, 2018, (12): 87-88.

［7］ VERBRUGGEN N, HERMANS C, SCHAT H. Mechanisms to cope with arsenic or cadmium excess in plants ［J］. Current opinion in plant biology, 2009, 12 (3): 364-372.

［8］ HART J J, WELCH R M, NORVELL W A, et al. Transport interactions between cadmium and zinc in roots of bread and durum wheat seedlings ［J］. Physiologia plantarum, 2002, 116 (1): 73-78.

［9］ TANG L, MAO B, LI Y, et al. Knockout of OsNramp5 using the CRISPR/Cas9 system produces low Cd-accumulating indica rice without compromising yield ［J］. Scientific reports, 2017, 7 (1): 14438.

［10］ 廖雨梦, 李祖然, 祖艳群, 等. 植物对重金属迁移途径及其影响因素的研究进展 ［J］. 中国农学通报. 2022, 38 (24): 63-69.

［11］ OGAWA I, NAKANISHI H, MORI S, et al. Time course analysis of gene regulation under cadmium stress in rice ［J］. Plant and soil, 2009, 325: 97-108.

[12] CHAUDHARY K, AGARWAL S, KHAN S. Role of phytochelatins (PCs), metallothioneins (MTs), and heavy metal ATPase (HMA) genes in heavy metal tolerance [J]. Mycoremediation and environmental sustainability: 2, 2018: 39-60.

[13] Ó LOCHLAINN S, BOWEN H C, FRAY R G, et al. Tandem quadruplication of HMA4 in the zinc (Zn) and cadmium (Cd) hyperaccumulator *Noccaea caerulescens* [J]. PloS one, 2011, 6 (3): e17814.

[14] GHORI N H, GHORI T, HAYAT M Q, et al. Heavy metal stress and responses in plants [J]. International journal of environmental science and technology, 2019, 16: 1807-1828.

[15] YUAN H M, LIU W C, JIN Y, et al. Role of ROS and auxin in plant response to metal-mediated stress [J]. Plant signaling & behavior, 2013, 8 (7): e24671.

[16] SHAHID M, POURRUT B, DUMAT C, et al. Heavy-metal-induced reactive oxygen species: phytotoxicity and physicochemical changes in plants [J]. Reviews of environmental contamination and toxicology 232, 2014: 1-44.

[17] DENG X, XIA Y, HU W, et al. Cadmium-induced oxidative damage and protective effects of N-acetyl-L-cysteine against cadmium toxicity in *Solanum nigrum* L [J]. Journal of hazardous materials, 2010, 180 (1-3): 722-729.

[18] RADWAN M A, EL-GENDY K S, GAD A F. Biomarkers of oxidative stress in the land snail, Theba pisana for assessing ecotoxicological effects of urban metal pollution [J]. Chemosphere, 2010, 79 (1): 40-46.

[19] TRIANTAPHYLIDÈS C, HAVAUX M. Singlet oxygen in plants: production, detoxification and signaling [J]. Trends in plant science, 2009, 14 (4): 219-228.

[20] BUSTIN S A, BENES V, GARSON J A, et al. The MIQE guidelines: minimum information for publication of quantitative real-time PCR experiments [J]. Clinical Chemistry, 2009, 55, 611-622.

第 4 章
基于个体的模拟实验与生物多样性

4.1 基于个体的模拟模型简介

4.1.1 生态学模型发展简介及重要性

模型是对真实系统的有目的的表述，建立和使用模型的目的是为了解答关于一个系统或一类系统的问题。在科学研究中，研究者希望了解客观事物的运行规律，解释观察到的模式，或者预测一个系统对某些变化（如气候变化）会做出何种响应。现实中的系统往往过于复杂且发展缓慢，难以用实验来分析，但构建模型的方法可操作性较高。构建模型的核心思想是简化系统，用方程或计算机程序来模拟系统核心的部分，研究者进而针对模型进行操作和实验。使用模型简化真实系统的关键在于考虑真实系统的哪些方面应该包括在模型中，哪些应该忽略。要回答这个问题，需要首先明确研究所期望回答的科学问题。可将想用模型回答的科学问题视为一种过滤器：真实系统中与回答这个问题无关或不够重要的方面都可以被过滤掉。即这些无关的部分在模型中被忽略，或者只以非常简化的方式表示。

大量学科都需要借助模型回答科学问题，具体到生态学学科，生态学模型关注的是生物体之间以及生物体与环境的关系，试图复现复杂的生物间相互作用网络。生物之间及生物环境之间的相互关系并非直观，一个好的生态学模型所提供的新的洞察力，超出了直接观察、评估和解释自然所能得出的结论。生态学建模的对象涉及个体、种群、生态系统、生态景观乃至生物群系，更微观的层次如生物分子，则属于生理学范畴，通常不予考虑。虽然生态学是个"年轻"的学科，但科学家对自然过程的评估要早得多。我们可以在自然史和其他学科中找到生态学建模的先导。

Robert Malthus（1766—1834）是最早定量研究人口动态的科学家。他考虑了人类人口增长的影响因素和决定因素（Malthus 1798）。他的观点主要从经济角度出发，但对生态学产生了很大影响，生态学中种群增长的指数模型就是基于 Malthus 的理论得来。不久后，科学家就找到了更精细的函数形式来描述种群增长。Pierre Francois Verhulst（1804—1849）是一位比利时数学家，他意识到在有限资源条件下，种群不可能无限增长，他希望找到一个公式描绘资源的限制。1838 年，他找到了一个相当优美的函数描述资源受限时的种群增长，该函数在生态学上大名鼎鼎，即 Logistic 种群增长模型。至 20 世纪上半叶，描述特定变量随时间变化的微分方程在生态学中发挥了主导作用，比如著名的 L–V 模型，下文将详细介绍该模型。这个模型极大激发了生态学家的灵感，随后，无数的变化、修改和对特定环境的适应在 L–V 模型基础上被提出来。时至今日，Lotka 和 Volterra 的原创工作仍是生态学建模领域内最常被引用的论文之一。在 20 世纪六七十年代，Rober H. MacArthur（1930—1972）通过一系列开创性的工作，给出了 L–V 模型中竞争系数的求解法，强调了资源在竞争中的重要性，明确了如何分析一个通过利用共同资源间接互动的消费者系统的方法。

到 20 世纪 80 年代，生态学家发现微分方程系统很难捕捉生态关系的复杂性，例如，异质化的时间和空间结构难以包含在微分方程模型中。要克服这种研究缺陷，需要更多样化的建模手段。当时，计算机技术已经发展起来，面向对象的编程（object-oriented programming，OOP）开始流行，诞生了诸如 C++ 等至今还在广泛使用的编程语言。OOP 的特点是封装性（代码实现和使用分开，隐藏实现部分，保证数据不被外界干扰）、继承性（提高代码耦合性，避免重复编程）和多态性（不同的情形有不同的表现）。计算机技术的发展为生态学建模提供了相当多的新选择，基于个体的模型（individual-based models，IBMs）开始在生态学崭露头角，生态学建模也不再局限于微分方程。JABOWA 模型可能是首个应用于生态学的基于个体的模型，JABOWA 被称为 "gap-phase replacement" 模型，模型考虑了不同树种和不同高度的树木对其邻体植株的不同影响，描述了森林中因一棵树的死亡而产生的空隙中树木群落的演替（Botkin et al.，1972）。森林演替和群落的长期动态一直是生态学的关键领域，首个 IBMs 诞生自该领域顺理成章。JABOWA 成功描述了植物群落的演替和群落组成沿海拔梯度变化，证明了 IBMs 在生态学研究中的巨大潜力。随后生态学家陆续开发了其他基于个体的森林模型，如明确个体空间信息和研究邻体竞争效应的 SORTIE（Pacala et al.，1993）。IBMs 的应用领域不局限于生态学，也诞生了诸如 NetLogo 等通用的开发平台。

随着时间推移，生态学建模已经发展成为一门成熟的学科。人们认识到，建模可以在相当大的程度上提高我们对生物系统及其环境相互作用的定量和定性理解。不过，没有一种方法能适用于所有问题，这就对方法选择提出了要求，而选择何种建模方法取决于要解决的问题。我们不应该拘泥于一种或几种特定方法，只要方法能达成目的，都可以考虑。生态学建模的核心部分建立在对基础生态学和生物学的理解上——生物体如何生长、移动、传播以及与环境互动。建模的先决条件始终是深刻的生物学知识。基于大多数生态学家没有严格的数学背景，有时他们可能会听到这样的批评，即声称他们对数学的使用并不规范。但只要应用的技术能充分代表生态过程，建模就是有用的。

本节首先简单介绍建立在微分方程上的传统生态学模型，然后详细介绍基于个体的生态学模型。我们会尽量忽略数学推导过程，而是将重点放在如何理解模型背后的生态学含义以及如何用现代计算机建模实现想法。除了本节介绍的模型，生态学还有其他形式的建模方法，我们更希望传递建模是手段而不是目的的思想，鼓励大家以此为起点，自主学习其他方法，探索科学问题。

4.1.2 经典微分方程模型

4.1.2.1 Lotka-Volterra 竞争模型

在20世纪20—30年代，艾尔弗雷德·洛特卡（Alfred Lotka）（1925）和维托·沃尔泰勒（Vito Volterra）（1926）在种群增长的 Logistic 模型基础上，独立地提出了第一个描述种间竞争（interspecific competition）（Box 1）的数学模型，这些模型后来成为生态学里面研究竞争的基础和框架。

Box 1 种间竞争

Grover（1997）将种间竞争定义为一个物种多度（abundance）的增加导致另一个物种种群增长率下降（反之亦然）的物种之间发生的相互作用。Case（2000）强调种间竞争的来源是物种共同使用限制性资源（剥削性竞争，exploitative competition）或互相之间主动干扰（干扰性竞争，interference competition），竞争导致物种个体的生长速率下降。两种定义都强调种间竞争发生时，一个（或多个）其他物种的存在会导致另一个物种的种群增长率下降。Case 的定义概述了导致种群增长率竞争性下降的两类一般机制。剥削性竞争（也称资源竞争，resource competition）发生在当多个物种消耗一种共享资源时，资源对单个物种的供应相对减少，因此限制了种群增长。当一个物种限制另一个物种的个体获得限制性资源时，就会

> 发生干扰性竞争（亦称竞争性竞争，contest competition）。干扰性竞争可能涉及个体之间的相互攻击（如动物个体间的领土防卫），抑或简化为已经占据一定空间的个体排斥其他的个体。L-V 模型是一种经典的基于现象的数学模型，不涉及具体的竞争机制。而考虑竞争机制的模型，我们将在后续章节讨论。

首先让我们回顾单个种群增长的模型，当每个种群独立发展时，存在种内竞争而缺乏种间竞争，种群增长可以用 Logistic 模型描述：

$$\frac{dN_1}{dt} = r_1 N_1 \left(\frac{K_1 - N_1}{K_1}\right) \tag{4-1}$$

$$\frac{dN_2}{dt} = r_2 N_2 \left(\frac{K_2 - N_2}{K_2}\right) \tag{4-2}$$

其中，N_1、N_2 表示物种 1 和物种 2 的密度，r_1、r_2 表示两个物种的内禀增长率，K_1、K_2 表示它们的环境容纳量。式（4-1）和（4-2）隐含着种内竞争，每个物种的密度不会超过其环境容纳量且单位种群增产率（dN/Ndt）随种群密度线性下降。为了体现物种 2 对物种 1 的竞争效应（反之亦然），Lotka（1925）和 Volterra（1926）在 Logistic 表达式中引入竞争物种的密度项，并将该项乘以竞争系数（competition coefficients）常数 α_{ij}，得到经典 L-V 模型的表达式：

$$\frac{dN_1}{dt} = r_1 N_1 \left(\frac{K_1 - N_1 - \alpha_{12} N_2}{K_1}\right) \tag{4-3}$$

$$\frac{dN_2}{dt} = r_2 N_2 \left(\frac{K_2 - N_2 - \alpha_{21} N_1}{K_2}\right) \tag{4-4}$$

其中，竞争系数 α_{ij}（如 α_{12}）为物种 j 对物种 i 的每员效应，表示的是单位个体的种间和种内竞争的相对重要性。以物种 1 为例，若 $\alpha_{12}=1$，意味着物种 2 的每个个体对物种 1 的种群增长的抑制效果等同于物种 1 自身；若 $\alpha_{12}<1$，说明物种 1 的种内竞争更强；若 $\alpha_{12}>1$，说明物种 1 的种间竞争的每员效应大于种内竞争的每员效应。物种 2 的竞争系数同理。

式（4-3）和（4-4）中，竞争系数分别除以各自物种的环境容纳量 K。为了更直观的理解导致物发生共存或者竞争排除的因素，Chesson（2000）建议重写 L-V 模型表达式为（见1.1.2）：

$$\frac{dN_1}{dt} = r_1 N_1 (1 - \alpha_{11} N_1 - \alpha_{12} N_2) \tag{4-5}$$

$$\frac{dN_2}{dt} = r_2 N_2 (1 - \alpha_{21} N_1 - \alpha_{22} N_2) \tag{4-6}$$

Chesson 将新的表达式中 α_{ii} 称为绝对种内竞争系数，α_{ij} 为绝对种间竞争系数。

Box 2 竞争系数下标的理解

初学者往往对 α_{ij} 的下标感到疑惑，为何 α_{ij} 表示的是物种 j 对 i 的效应而非 i 对 j 的效应？这种表达的好处在于可以与矩阵运算相结合，让我们简单回顾一下线性代数的基础，将两物种 L–V 模型的竞争系数写进一个矩阵里：

$$\boldsymbol{\alpha} = \begin{bmatrix} \alpha_{11} & \alpha_{12} \\ \alpha_{21} & \alpha_{22} \end{bmatrix}$$

α 的下标从左到右依次表示其所处的行和列，如 α_{12} 位于第 1 行第 2 列。而两个物种的密度可以表示为：

$$\boldsymbol{N} = \begin{bmatrix} N_1 \\ N_2 \end{bmatrix}$$

显然，物种 i 对物种 j 增长的效应大小可以通过矩阵相乘 $\boldsymbol{\alpha} \cdot \boldsymbol{N}$ 得到

$$\boldsymbol{\alpha} \cdot \boldsymbol{N} = \begin{bmatrix} \alpha_{11}*N_1 + \alpha_{12}*N_2 \\ \alpha_{21}*N_1 + \alpha_{22}*N_2 \end{bmatrix}$$

---

1. 平衡解和等值线

一般来说，等值线是指连接图形或地图上具有相同大小的点的线。例如，地形图上的等高线连接了所有海拔相等的点。在这里，我们的等值线将连接状态空间（state-space）中的物种 i 的种群增长率等于 0 的各点——等值线上的每个点都意味着 $dN/dt = 0$，这种等值线也被称为零净增长等值线（zero net growth isoclines，ZNGI）。ZNGI 同样可以理解成，在竞争物种的种群数量保持不变的情况下，种群增长为零的所有点的集合。双物种平衡点是指两个竞争物种的种群增长率都为零的点。对呈 Logistic 增长的单物种而言，物种的环境容纳量显然是一个平衡点。当考虑两个物种时，情况变得复杂，而处理这一相对的复杂的平衡将给我们带来关于物种共存的初步认知。

令式（4-5）和（4-6）等于 0，得到两物种的 ZNGI：

$$\text{物种 } 1: N_1 = \frac{1}{\alpha_{11}} - \frac{\alpha_{12}}{\alpha_{11}} N_2 \tag{4-7}$$

物种 2: $N_2 = \dfrac{1}{\alpha_{22}} - \dfrac{\alpha_{21}}{\alpha_{22}} N_1$ （4-8）

观察式（4-7）和（4-8）可知，物种的 ZNGI 的形式为 $y = mx + b$，是一条直线。例如对物种 2 而言，直线的斜率 $m = -\dfrac{\alpha_{21}}{\alpha_{22}}$，截距 $b = \dfrac{1}{\alpha_{22}}$。据此，我们可以画出物种 1 和物种 2 的 ZNGI（假定作图使用的竞争系数矩阵 $\boldsymbol{\alpha} = \begin{bmatrix} 0.01 & 0.005 \\ 0.005 & 0.01 \end{bmatrix}$。为了方便对比物种 1 和物种 2 的种群动态，不论物种 1 和物种 2，x 轴均代表物种 1 的种群密度，y 轴均代表物种 2 的种群密度（图 4-1）。

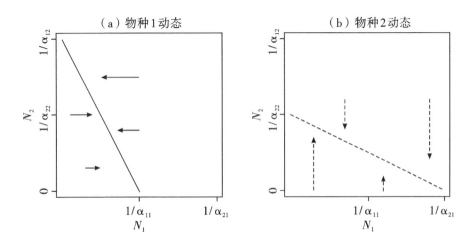

图 4-1　L-V 竞争模型中两个竞争物种的线性等值线

注：箭头表示种群轨迹。

物种 1 的等值线告诉我们，如果物种 2 灭绝（$N_2 = 0$），则物种 1 的种群大小达到其环境容纳量（$N_1 = 1/\alpha_{11} = K_1$）（图 4-1）。同样地，在物种 2 的等值线中，如果 $N_1 = 0$，则 $N_2 = 1/\alpha_{22} = K_2$。等值线与 x 和 y 轴的交点是重要的平衡点。

等值线将状态空间分为两部分。显然物种 1 的等值线左边的点使得 $dN_1/dt > 0$，因此 N_1 增大，并在状态空间中以向右的箭头表示；等值线右边的点意味着 $dN_1/dt < 0$，N_1 将减少，用向左的箭头表示。因为 y 轴表示 N_2，所以物种 2 的状态空间被其等值线分为上下两部分。同理，在等值线的上下方分别绘制了箭头表示物种 2 的种群动态。

2. 两物种竞争动态

现在将两个物种的等值线放到同一个状态-空间图上，两物种等值线的基本画法有 4 种，通过对 4 种情况分别讨论，来理解两物种的竞争动态，并寻找平衡点。

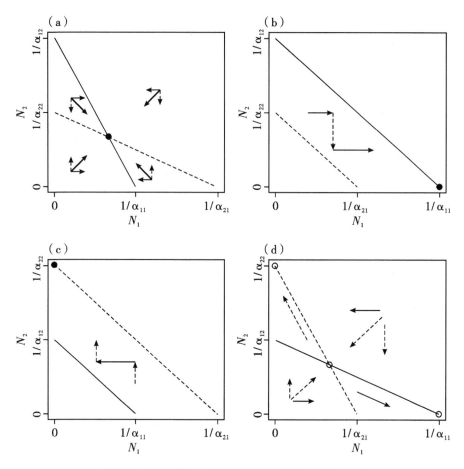

实线为物种1等值线，虚线为物种2等值线。(a) 两物种最终稳定共存；(b) 物种1竞争排斥物种2；(c) 物种2竞争排斥物种1；(d) 两物种不稳定平衡。

图4-2 包含两物种等值线的状态空间

3. 平衡点

如果物种共存（N_1，$N_2 > 0$），这意味着它们等值线有1个或多个交点，等值线的交点即为平衡点如图4-2（a）和图4-2（d）所示。求解2条等值线的交点很简单，将一个物种的等值线表达式代入另一个物种的表达式即可，分别得到：

$$N_1^* = \frac{\alpha_{22} - \alpha_{12}}{\alpha_{11}\alpha_{22} - \alpha_{12}\alpha_{21}} \tag{4-9}$$

$$N_2^* = \frac{\alpha_{11} - \alpha_{21}}{\alpha_{11}\alpha_{22} - \alpha_{12}\alpha_{21}} \tag{4-10}$$

我们用 (N_1^*, N_2^*) 表示两物种等值线的交点，表达式相当整洁，在其中我们可以看到：(1) 在两物种的竞争模型中，平衡解与内禀增长率 r_i 无关（多物种竞争模型则不然）。(2) 没有种间竞争时（$\alpha_{12} = \alpha_{21} = 0$），每个物种的种群密度都能增长至各自的环境容纳量，例如，两个物种的生态位不重叠时，意味着两者没有竞争。(3) 相反，当种间竞争十分强烈时，此时 α_{12} 非常大，种群密度又由什么决定？即：

$$N_1^* = \lim_{\alpha_{12} \to \infty} \frac{\alpha_{22} - \alpha_{12}}{\alpha_{11}\alpha_{22} - \alpha_{12}\alpha_{21}} \tag{4-11}$$

当 α_{12} 足够大，α_{ii} 变得无足轻重，式（4-11）化简为 $-\alpha_{12}/(-\alpha_{12}\alpha_{21}) = 1/\alpha_{21}$。意味着，当物种 2 对物种 1 的负效应越来越强，物种 1 的种群大小逐渐由物种 1 对物种 2 的负效应决定。两个物种之间就像开展一场军备竞赛：随着其竞争者的负面影响的增加，一个物种的种群密度越来越取决于其压制竞争者的能力。

4. 稳定共存的平衡

一般来说，任何模型的细节及其动态可能很复杂，但只要知道一个物种在数量稀少时是否会一直增加，或入侵，那么就可以预测它是否能在复杂的相互作用下持续存在。因此，不需要找到这个物种的平衡点，而只需要了解该物种在种群几乎为 0 时的动态。以物种 1 为例，如何保证物种 1 在种群密度极低时依旧保持正向增长率？根据 L-V 模型，种群要保持增长，有：

$$r_1 N_1 (1 - \alpha_{11} N_1 - \alpha_{12} N_2) > 0 \tag{4-12}$$

物种内禀增长率和初始密度都大于 0，不等式简化为：

$$1 - \alpha_{11} N_1 - \alpha_{12} N_2 > 0 \tag{4-13}$$

将不等式中的 N_2 用 N_2 的等值线替换，得到完全由 N_1 决定的不等式：

$$1 - \alpha_{11} N_1 - \alpha_{12} \left(\frac{1}{\alpha_{22}} - \frac{\alpha_{21}}{\alpha_{22}} N_1 \right) > 0 \tag{4-14}$$

物种 1 在种群密度稀少时可以视作 $N_1 \to 0$，不等式被进一步简化：

$$1 - \frac{\alpha_{12}}{\alpha_{22}} > 0 \tag{4-15}$$

显然，上述不等式成立的条件为 $\alpha_{12} < \alpha_{22}$。即此时物种 1 的种群密度虽然很低，但依旧能稳定增长（或者说物种 1 成功入侵），物种 2 同理。至此简单推导出了从入侵性（invasibility criteria）角度定义的物种共存标准，当每个物种在其竞争者的存在下可以从低密度增加时，就会出现物种共存，也就是：$\alpha_{12} < \alpha_{22}$，$\alpha_{21} < \alpha_{11}$。

简言之，两物种能稳定共存的条件是种内竞争大于种间竞争（Chesson, 2000）。尽管多物种的共存标准更复杂，物种对之间种内竞争强于种间竞争仍然适用大部分情形（Adler et al., 2018）。

重新观察图4-2，符合上述物种共存标准的只有左上角的图4-2（a），在该图中任取一点作为物种1和2的初始种群密度，两个物种最终都能达成稳定共存，共存时两物种的种群大小为（N_1^*，N_2^*），即两物种等值线的交点。

5. 其他平衡

两物种并非总是稳定共存，我们依据种内和种间相互作用系数的大小，分别讨论其他的情形。

（1）$\alpha_{12} < \alpha_{22}$，$\alpha_{21} > \alpha_{11}$：物种1在稀有时可以成功入侵，物种2不行，物种2被物种1竞争排除，物种1的种群大小最终达到其环境容纳量［图4-2（b）所示黑点］，此时的平衡被称为边界平衡（boundary equilibrium）。

（2）$\alpha_{12} > \alpha_{22}$，$\alpha_{21} < \alpha_{11}$：同上，物种2竞争排除物种1后，种群大小稳定在其环境容纳量［图4-2（c）所示黑点］。

（3）$\alpha_{12} > \alpha_{22}$，$\alpha_{21} > \alpha_{11}$：这种情形的状态—空间图与物种稳定共存的状态—空间图相近，两物种的等值线也相交于一点［图4-2（d）］，但该情形下物种无法稳定共存，会发生竞争排除，此时哪个物种获胜取决于物种的初始种群大小和内禀增长率。

Box 3　L-V模型的修正和拓展

原初的L-V模型假定物种间的竞争效应是线性的，显然非线性的竞争效应更符合实际。Gilpin和Ayala在1973年提出对L-V模型进行简单的非线性修正：

$$\frac{dN_i}{dt} = r_i N_i \left[1 - (\alpha_{ii} N_i)^{\theta_i} - \alpha_{ij} N_j\right]$$

该表达式又被称为θ-Logistic模型，$\theta \neq 1$，不过这种修正只考虑了种内竞争的非线性效应。

L-V模型也可以拓展到多物种的情形，可以用矩阵形式来表示多物种的L-V模型的平衡态：

$$K = AN^*$$

K是一列表示不同物种环境容纳量的向量，N^*则是一列表示多物种平衡时每个物种种群密度的向量，A是两两物种间相互作用矩阵。例如，对1个包含3个物种的群落而言：

$$K = \begin{bmatrix} K_1 \\ K_2 \\ K_3 \end{bmatrix}, \quad N^* = \begin{bmatrix} N_1^* \\ N_2^* \\ N_3^* \end{bmatrix}, \quad \text{and } A = \begin{bmatrix} 1 & \alpha_{12} & \alpha_{13} \\ \alpha_{21} & 1 & \alpha_{23} \\ \alpha_{31} & \alpha_{32} & 1 \end{bmatrix}$$

矩阵 A 又被称为群落矩阵（community matrix），该方法曾被广泛应用于预测多物种竞争后的平衡态、探索种间竞争对群落稳定性的影响以及预测共存物种数等等。实质上，运用群落矩阵描述自然系统，往往不如人意，有两个问题生态学家不得不面对：①构建相互作用矩阵的前提假设是两两竞争物种之间的相互作用系数不受其他物种影响，即 A 矩阵中的相互作用系数互相独立且物种间的影响是线性可加的。这种假设前提低估了自然界物种间作用的复杂性，例如两两物种间的相互作用强度会被其他物种影响，这种被称作高阶相互作用（higher-order interactions）的作用形式，已被证实在自然界广泛存在；②很难估算多样性高的自然群落内的相互作用系数，如当群落内仅有 10 个物种时，就要估算 45 个成对物种相互作用系数。

5. 使用 R 语言模拟

种群增长率存在连续型和离散型的区别，通常使用离散差分方程（discrete difference equation）描述离散型的种群增长率，使用连续微分方程（continuous differential equation）描述连续型的种群增长率。本节和接下来的章节聚焦的经典模型都是以连续微分方程的形式构造，对微分方程积分即可得到连续的种群动态。在使用计算机模拟时，需要把微积分无限小的步骤 dx，近似成非常小但有限的步数，以便近似地计算出 y 随 x 的变化，即 dy/dx。数学家和计算机科学家已经设计出了非常巧妙的方法，可以非常准确地做到这一点。在 R 语言中，软件包 deSolve 中函数 ode，可使我们对微分方程进行数值积分。我们先简单了解函数 ode 的基本用法，然后尝试使用它来模拟两物种竞争的情况。

假想一个种群的增长率可以用 logistic 方程描述，即 $dN/dt = rN(1 - \alpha N)$，在人为设定好一系列参数的初始值的前提下，我们通过对该方程解出一系列时间点上目标种群的大小（例如 $t = 0, 1, 2, 3, \cdots, 20$），需要设定的参数包括内禀增长率 r、环境容纳量的倒数 α 和种群的初始大小 N_0。要在 R 里实现，我们首先定义 logistic 方程的具体形式并指定必要参数的初始值：

```
# 构造自编函数
logisticGrowth <- function (t, y, p) {
N <- y [1]
with (as. list (p), {
dN. dt <- r * N * (1 - a * N)
```

```
return (list (dN. dt))
})
}
# 赋值参数
p <- c (r=1, a=0.001)    # 内禀增长率和环境容纳量倒数初始值
N0 <- c (N=10)           # 初始种群大小
t <- 1:20                # 时间点
```

接下来，只需要"告诉"ode函数目标微分方程是哪个，并给定参数初始值大小以及目标时间点，计算机就可求出每个时间点上的种群大小：

```
population <- ode (y=N0, times=t, func=logisticGrowth, parms=p)
plot (population)     # 绘图，图4-3
```

将函数ode的输出结果命名为population，它是一个两列的矩阵，第一列为指定的时间点，第二列为该时间点上的种群大小，通过绘图函数可以更清晰地看到种群动态的模拟结果。如果期待得到更加平滑的曲线，不妨自行尝试将时间点进一步细化，步长设置为更小的值（如0.1）。

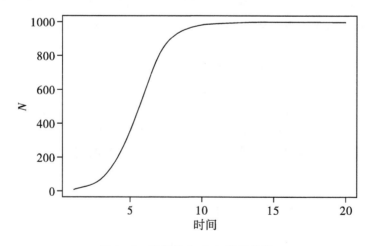

图4-3　种群的Logistic增长曲线

模拟两物种竞争的操作方法与上述方法类似，只是需要指定的初始参数更多。根据式（4-5）和式（4-6），在 R 里构造对应的自编函数，对初始参数赋值，与单物种种群增长模型的最大的区别在于构造了一个相互作用矩阵 a：

```r
#自编函数
lvcompetion <- function (t, y, p) {
  N <- y
  with (as.list (p), {
    dN1.dt <- r [1] * N [1] * (1 - a [1, 1] * N [1] - a [1, 2] * N [2])
    dN2.dt <- r [2] * N [2] * (1 - a [2, 1] * N [1] - a [2, 2] * N [2])
    return ( list (c (dN1.dt, dN2.dt)))
  } )
}
#赋值参数
a <- matrix (c (0.02, 0.01, 0.01, 0.03), nrow = 2)
r <- c (0.5, 0.5)
p <- list (r, a)
N0 <- c (1, 1)
t <- 1: 100
#求解
population_2species <- ode (y = N0, times = t, func = lvcompetition, parms = p)
```

因为种内和种间竞争系数的相对大小会影响两物种竞争的结果，当改变相互作用矩阵 a 内的数值，可以观察物种能否共存。图 4-4 展示了上文提到的 4 种竞争结果，皆是基于函数 ode 的模拟结果所得。

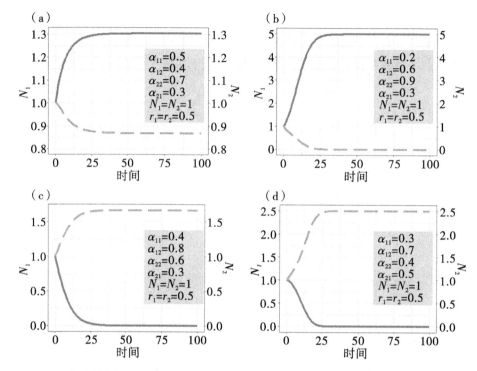

(a) 两物种最终稳定共存；(b) 物种1竞争排斥物种2；(c) 物种2竞争排斥物种1；(d) 两物种不稳定平衡，竞争结果取决于参数初始值。

图 4-4　物种共存结局

6. 现象模型和机理模型

L-V 模型对竞争的描述是基于现象的（phenomenological model），不考虑竞争的具体对象。现象模型描述了现象之间的经验关系，但放弃解释为什么变量间会以这种方式相互作用，此类模型只是试图描述这种关系，并假设这种关系超越了测量值。统计模型也是现象模型的一种。

另一类竞争模型则考虑了竞争的机制（mechanistic model），该类模型明确包含了物种对资源的消耗，更容易和实证研究相联系，下一小节将介绍这类模型。同样使用 R 语言进行模型的计算机模拟，模拟思路与 L-V 模型类似，不再详细展示模拟代码。

4.1.2.2　消费者—资源竞争模型

L-V 模型表明，物种能否共存取决于种内和种间竞争的相对强度。然而，L-V 模型没有明确包括资源，因此在理解剥削性竞争方面价值有限，亦无法给控制资源的实验提供有效的预测。为了更好地研究剥削性竞争，需要一类模型,既包括竞争的物种如何消耗资源,也包括物种的种群增长率如何反过来受资源密度的影响。最早由 MacArthur(1969,1970)和 Macarthur(1970)将资源动态纳入竞争模型当中;Leon 和 Tumpson(1975)为消费者—资源模型引入图形分析法,并将其应用于不同类型的资源,得出了物种共存的标准;Tilman(1980,1982)完善并极大拓展了消费者—资源模型的图形分析法,其对消费者—资源模型的图形描述极具启发性,让大多数生态学家迅速理解并接受这一理论。本节的内容也基于 Tilman 的工作展开。

Box 4　资源(resource)

1. 资源的定义

资源消费者模型指出,当某种资源是多个物种种群增长的限制因子时,物种之间就会对这种资源产生竞争关系。那么,究竟什么是资源?

Tilman(1982)认为,资源可以是任何物质(或者因素),且能被生物体消耗利用,当其在环境中的可用性增加,种群亦发生增长。

Grover(1997)将资源定义为对种群增长有积极贡献的实体,并在这个过程中被消耗。

综合上述说法,具有以下两种特性的环境中的某种因子可视为资源:

(1)可以促进消费者种群的增长;

(2)会被消耗(一旦被消耗,无法被其他消费者个体使用)。

资源可进一步分为生物资源(biotic resources)和非生物资源(abiotic resources),例如,水分、光、土壤矿物质等属于非生物资源,猎物、植物叶片、种子等属于生物资源。

2. 资源的供给方式

用类似种群密度的微分方程的方法来描述环境中的资源密度,单位资源密度的变化取决于资源自身(R)的供给方式和消费者(C)的摄取:

$$\frac{1}{R}\frac{dR}{dt} = f_R(R, C)$$

没有消费者摄取资源时,可以简单假定资源以指数形式增长。我们更感兴趣的是如何对这一简单情形稍加拓展,使其看起来更符合实际。

对生物资源而言,例如猎物,资源增长率的方程相当于猎物的种群增长率方程,在没有捕猎者的情况下,可以用 Logistic 方程描述:

$$\frac{dR}{dt} = rR(1 - \alpha R)$$

对非生物资源，在没有消耗的情形下，通常假定一个恒定的背景供应率 S（constant background supply rate，Tilman 1982），可以想象，这种背景供应率是由微生物活动造成的，这些活动不受所描述的物种的生长影响。进一步设想，实际的资源还需要考虑资源的可用性，因此在恒定供应的情形下，实际资源供应率为：

$$\frac{dR}{dt} = r(S - R)$$

其中，r 为资源更新速率，单位 $1/t$。本章后续内容大多数都假定资源为非生物资源，具有一个恒定的背景供应率 S。

3. 资源与消费者

一般情况下，资源与消费者的相互作用可以写成如下的耦合方程：

$$\frac{1}{R}\frac{dR}{dt} = f_R(R, N)$$

$$\frac{1}{C}\frac{dC}{dt} = f_N(C, R)$$

意味着单位资源的变化率由资源和消费者共同决定，单位消费者的变化率由消费者自身与资源决定。

1. 单一资源

（1）非生物资源。资源—消费者模型最简单的情形即一个物种消耗一种资源。我们可以先跳过数学方程，想象如何图解消费者和资源的关系。大多数生物的单位种群增长率都会随着资源的增加而增加（图 4-5），不过，种群增长率与资源的关系有线性和非线性的区别，下文将会详细介绍。假设消费者的单位死亡率与密度无关（density independent），是一个定值，可以用一条水平直线表示。消费者的单位种群增长率曲线与死亡率直线的交点意味着消费者的种群达到稳定（此时 $dN/dt = 0$）（图 4-5）。交点处的资源密度用 R^* 表示，意为维持一个消费者种群稳定的最小资源需求。R^* 本身并不依赖死亡率与密度无关的假设，此假设仅仅为了方便作图。R^* 在竞争理论中具核心地位。

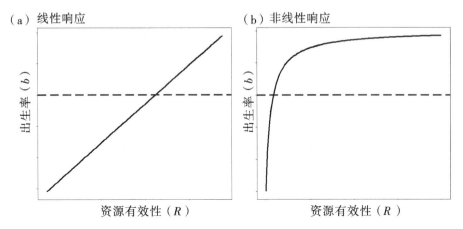

注：（a）线性的单位种群增长率与资源浓度关系；（b）非线性的单位种群增长率与资源浓度关系。

虚线为消费者的死亡率。当增长率等于死亡率时，消费者增长为零，此时的资源浓度为 R^*。

图 4-5　消费者的单位种群增长率与资源浓度的关系

进一步地，当需要描述消费者—资源的动态关系时，需要 2 组微分方程：

$$\frac{dR}{dt} = r(S - R) - aNR \tag{4-16}$$

$$\frac{dN}{dt} = N(eaR - d) \tag{4-17}$$

a 是消费者对资源的单位进食率，e 是消费者将单位资源转化为自身生物量的效率，d 是消费者的单位死亡率。没有消费者时（$N=0$），此时令 $dR/dt=0$，可得：$R^* = S$。如果有消费者消耗资源用于生长，根据上文 R^* 的定义，我们有：

$$\frac{dN}{Ndt} = 0 = eaR - d \rightarrow R^* = \frac{d}{ea} \tag{4-18}$$

令 $dR/dt=0$ 并将求得的 R^* 带入其中，则有：

$$N^* = r\left(S\frac{e}{d} - \frac{1}{a}\right) \tag{4-19}$$

由此，环境必须以至少 $S > d/(ea)$ 的速率供应资源，才能维持一个大小为 N 的消费者种群的稳定。此外，在平衡状态下，消费者对整个资源池的单位影响是 $aR^* = d/e$。想象一下给定了上述参数，用图解法表示消费者和资源的动态，大体上表现为消费者种群增长，资源被消耗，慢慢消费者和资源达到平衡，保持稳定，此时消费者的种群密度 N^*，资源密度为 R^*。在给定一组参数的基础上，消费者和资源随时间的动态变化如图 4-6 所示。

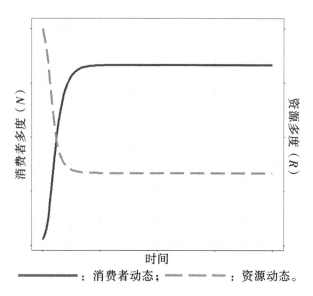

图 4-6　单一消费者和单一资源动态

（2）生物资源。图 4-6 中的消费者和资源动态隐含了一个假设，无论有多少资源，消费者都以固定的比例摄取资源（a），消费者对资源的摄取量与资源密度的关系是线性的。对物种 i 而言，令 $dN_i/N_i dt = y$，资源浓度为 x，则有 $y = e_i a_i x - d_i$，回顾图 4-5，消费者种群增长率与资源浓度的关系是一条直线。这个假设用于生物资源就不合适了。例如资源增加，消费者摄取资源（如捕获率）的比例会提高，这种情形下，假设消费者对资源的响应是非线性的更合适。更现实一点，还应考虑到消费者（捕食者）有饱腹感，随着资源（猎物）密度的增加，捕获率稳定在最大值附近。捕食者捕捉、杀死一个猎物后，吃完后毕竟还得消化才会考虑捕获下一个猎物。这种"消化"一类的行为我们统称"处理"（handling），而"消化"所需要的时间称为"处理时间"（handling time）。最早由 Holling（1959）提出消费者单位摄食率 a 可以调整为包含处理时间的非线性形式：

$$\frac{aR}{1 + ahR} \tag{4-20}$$

其中，h 为处理时间，其他参数与上文提到的保持一致。回到消费者—资源模型上，更实际的模型应当考虑：①资源增长有上限，即非恒定供给；②消费者对资源的响应非线性。Rosenzweig 和 MacArthur（1963）的工作正是针对上述两种情况建模，其后生态学家开始使用类似的方法。具体模型的表达式类似于：

$$\frac{dR}{dt} = rR(1 - \alpha R) - \frac{aR}{1 + ahR}N \qquad (4-21)$$

$$\frac{dN}{dt} = N\left(e\frac{aR}{1 + ahR} - d\right) \qquad (4-22)$$

同样，指定一组参数可以绘制消费者和资源的动态图，如图 4-7 所示。

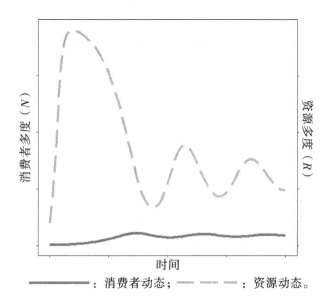

图 4-7 非线性情况下消费者与资源动态

在既定参数下，观察到资源的动态呈阻尼振动形式，调整参数会导致消费者和资源的动态出现剧烈变化。Rosenzweig（1971）通过改变模型参数发现一个意想不到的现象：增加资源的环境容纳量反而会将其推向灭绝（生物资源自身的 logistic 增长意味着资源也具有上限，即资源的环境容纳量）。原因是当资源过快地增长到高密度后，能支持高密度的消费者，消费者过多驱使资源迅速被耗尽。可以调低参数 α（$\alpha = 1/K$，调低 α 意味着增加了资源的环境容纳量）来观察这一现象，如图 4-8，资源上下起伏，周期波动。

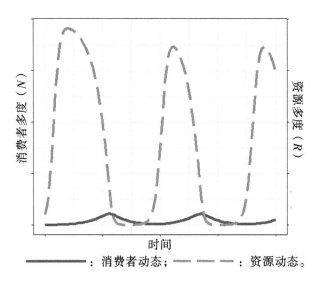

图4-8 消费者与资源的动态图解

2. 两个消费者竞争单一资源

现在有两个物种都摄取同一种非生物资源,这两个物种的种群增长率方程为:

$$\frac{dN_1}{dt} = N_1(e_1 a_1 R - d_1) \quad (4-23)$$

$$\frac{dN_2}{dt} = N_2(e_2 a_2 R - d_2) \quad (4-24)$$

同理,a 表示进食率,e 是转化效率,d 是死亡率。很容易观察到上述模型与 L–V 模型的区别,物种没有"直接"竞争,如 N_2 不在 dN_1/dt 的表达式中,取而代之的,两物种直接竞争的是资源 R。此时,两个物种的单位种群增长率与资源浓度关系均为线性(图4-9)。

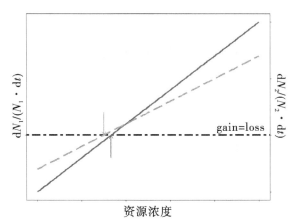

———————： 种群增长率等于0处； ————： 物种1； — — —： 物种2。

注：物种1在资源浓度较低时种群增长率低于物种2，资源浓度较高时反超物种2。物种2的R^*更低。

图4-9 资源浓度与单位种群增长率的线性关系

另一方面，资源动态为：

$$\frac{\mathrm{d}R}{\mathrm{d}t} = r(S - R) - a_1 N_1 R - a_2 N_2 R \qquad (4-25)$$

可以分别求得物种1和物种2的R^*

$$R_1^* = \frac{d_1}{e_1 * a_1}, \quad R_2^* = \frac{d_2}{e_2 * a_2} \qquad (4-26)$$

不考虑其他过程的前提下，两物种竞争同一资源一定有如下结果：①两物种不可能共存；②拥有较低R^*值的物种会竞争排除掉较高R^*值的物种。这种竞争也被称为R^*竞争（R^* competition）。我们可以想象一下这种情形，一开始物种1和物种2的种群密度都很低（假设$R_1^* > R_2^*$），环境中拥有大量资源，物种1和物种2都开始高速增长，或许此时物种1的增长速度还大于物种2，看似占据了优势。随着种群的增长，资源减少，资源密度首先达到R_1^*，物种1的种群增长率变为0，如果没有物种2的存在，这时资源和物种1的种群密度已经平衡，但此时环境中的资源密度大于R_2^*，因此物种2还能继续增长，造成资源进一步减少。当资源密度小于R_1^*时，物种1无法维持当前的种群密度，种群密度下降。最终，资源密度降低到R_2^*时，物种2和资源达到平衡，维持稳定，物种1最终灭绝（图4-10）。

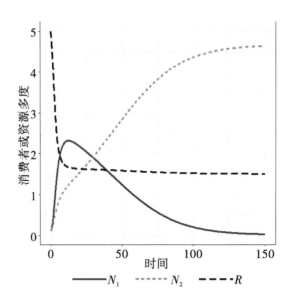

注：由于物种 2 的 R^* 更低，物种 2 竞争排斥物种 1。

图 4-10　两物种竞争单一资源情况下消费者与资源动态

将 R_2^* 和 $N_1 = 0$ 带入 dR/dt 即求得最终物种 2 的种群密度，即 N_2^*。

$$\frac{dR}{dt} = 0 = r\left(S - \frac{d_2}{e_2 \cdot a_2}\right) - a_2 N_2 \frac{d_2}{e_2 \cdot a_2}$$

$$N_2^* = r\left(S\frac{e_2}{d_2} - \frac{1}{a_2}\right) \tag{4-27}$$

显然，死亡率越高，物种 2 的种群密度就越低；而资源的更新速率越快、物种 2 对资源的吸收效率越高或者进食率高，都能增加物种 2 的种群密度。物种 1 同理，相关表达式请自行推导。

与单物种单一资源部分类似，上述过程中假设两个物种的种群增长率对资源的响应是线性的。非线性的响应与前文介绍的相似，例如参照 Tilma（1982）的表达式：

$$\frac{dN_i}{Ndt} = b_i \frac{R}{k_i + R} - d_i \tag{4-28}$$

其中，b_i 是最大速率（maximum rate），相当于上文中 e_i 和 a_i 的乘积，k_i 是半饱和常数（half saturation constant）。同样地，拥有更低 R^* 的物种会成为最终赢家，非线性模式下物种的 R^* 请自行推导。给定一组参数的情况下，物种 1 和 2 的单位种群增长率与资源浓度的关系，以及种群和资源密度的动态变化如

图4-11所示。

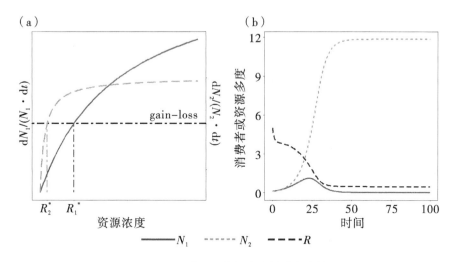

图 4-11 种群和资源密度的动态变化

注：(a) 资源浓度与单位种群增长率之间关系为非线性，蓝线表示物种1，绿色虚线表示物种2，物种2的R^*更低。(b) 物种2竞争排斥物种1。

图 4-11 (a) 显示物种2在资源浓度较低时单位种群增长率高于物种1，资源浓度丰富时低于物种1。生态学家将物种1称为机会主义者 (opportunists，资源丰富时种群增长相对快)，将物种2称为拾荒者 (gleaners，资源稀少时种群增长相对快) (Fredrickson and Stephanopoulos, 1981; Grover, 1990)，图 4-11 (a) 实质反映了对物种共存有重要影响的一种权衡。

3. 相对非线性共存机制

利用R^*判断竞争结果固然有效，但前提是资源的供应相对稳定。Armstrong 和 McGehee (1976) 展示了另一种可能——当环境资源剧烈波动时，R^*不同的两物种可以共存。接着，Armstrong 和 McGehee (1980) 进一步指出，当捕食者和猎物的种群密度在一个稳定的极限周期内波动时，那么2个 (或更多) 捕食者 (消费者) 物种可以在单一资源上无限地共存，该共存还需满足如下条件：①资源必须是生物资源；②其中一个物种的资源依赖性增长函数必须是非线性的；③不同物种在高资源水平和低资源水平时的表现必须有一个权衡 (即在低资源密度下具有较高增长率的物种，在高资源密度下增长率较低，也就是上文提到的拾荒者和机会主义者权衡)。

Chesson (2000) 将这种共存机制称为相对非线性 (relative non-linearity)。

相对非线性对物种共存的影响研究一直在持续，Letten 等（2018）通过实验证明，相对非线性促进了实验室系统中竞争的花蜜酵母的共存。实质上，相对非线性是环境变异可能影响共存的一类更广泛机制的一个组成部分（Yuan and Chesson，2015）。

一组简单的相对非线性竞争的数学表达式如下：

$$\frac{\mathrm{d}N_1}{\mathrm{d}t} = N_1 \left(b_1 \frac{R}{k_1 + R} - d_1 \right)$$

$$\frac{\mathrm{d}N_2}{\mathrm{d}t} = N_2 \left(b_2 \frac{R}{k_2 + R} - d_1 \right)$$

$$\frac{\mathrm{d}R}{\mathrm{d}t} = rR(1 - \alpha R) - b_1 N_1 \frac{R}{k_1 + R} - b_2 N_2 \frac{R}{k_2 + R} \qquad (4-29)$$

表达式中各参数的含义与前文相同。人为赋值初始参数的情况下，可得到消费者和资源种群的动态变化图（图 4-12），其中清楚显示了资源和消费者都能自我增长且存在高低周期的情况下，两个消费者能够实现共存，尽管它们的 R^* 不同：

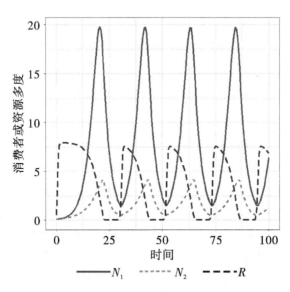

图 4-12　消费者和资源种群的动态变化

4. 竞争两种资源

接下来，尝试将一种限制性资源拓展为两种限制性资源，研究两物种竞争两种资源时如何共存，相关图解法的开创性工作仍是由 Tilman（1982）完成。本节中资源被分为两种：①基本资源（essential resources），该类资源对生物是必需品，缺一不可，例如 N、P 等元素对生物的生长发育不可或缺；②可替代资源（substitutable resource），如肉食动物可以捕获多种猎物，不同猎物之间可以互相替代。

（1）竞争两种基本资源。现考虑两物种竞争两种基本资源 R_1 和 R_2（都假定有密度依赖的死亡率），对每个物种而言，R_1 与 R_2 必须同时存在才能维持种群的增长，且每种资源都存在一个最低的临界值，该值使得物种的种群增长率为 0（$dN_i/dt=0$）。我们使用环境中 R_1 的数量作为 x 轴，R_2 数量作为 y 轴，可以画出一个 L 形的消费者零净增长等值线（zero net growth isoclines，ZNGI），竖线表示维持种群大小不变的最低 R_1 数量，与 y 轴平行，横线表示维持种群大小不变的最低 R_2 数量，与 x 轴平行（图 4-13）。环境中 R_1 和 R_2 的配对恰好位于 ZNGI 时，$dN_i/dt=0$，消费者种群大小实现平衡；R_1 和 R_2 的配对位于 ZNGI 的左边和下方时意味着 $dN_i/dt<0$，消费者种群密度下降直到灭绝；R_1 和 R_2 的配对位于 ZNGI 右侧和上方时意味着 $dN_i/dt>0$，消费者数量增加。

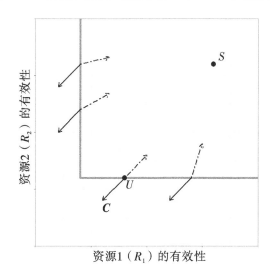

图 4-13 消耗两种基本资源（R_1、R_2）的消费物种的零净生长等值线（ZNGI）

图 4-13 中，S 是资源供应点，代表在没有消费者的情况下环境中资源 R_1 和 R_2 的可用值。R_1 和 R_2 的消耗率由消费向量 C 表示（从 ZNGI 指向资源轴的实心箭头），这里显示了 4 种可能的消费向量。每个消费向量的斜率由消费者摄取的 R_2 和 R_1 的比率决定（$R_2:R_1$），比率取决于消费者的特征。资源供应率由供应向量（虚线）表示，供应向量从 ZNGI 指向资源供应点 S。当消费和供应向量斜率恰好相反时（U 点），资源消费与资源供应相匹配。U 点上，消

费者和资源种群都实现平衡。图中的平衡点 U 表示消费者受到 R_2 可用性的限制。

既然 ZNGI 表示的是消费者种群的动态平衡，资源的动态又如何体现？当消费者的消费率与资源的供应率相匹配时，资源将处于平衡状态。我们可以通过绘制指向资源轴的向量来表示 ZNGI 上任何一点的消费，这些消费向量的斜率都等于消费的 R_1 和 R_2 的相对数量（图 4-13 中的实线向量），消费向量指示的是消费者提取两种资源的速度和方向。与消费相平衡的是资源的供应率，在图中为一条指向资源供应点（图 4-13 中的 S，在没有消费的情况下两种资源的预期存量）的向量（图 4-13 中的虚线向量）。在消费者的 ZNGI 上，只有一个点（图 4-13 中的 U），消费向量与供给向量斜率完全相反。在这一点上，消费者—资源系统处于平衡状态，资源消费与资源供给相匹配，消费者的出生与死亡相抵消。对于非生物资源，平衡点是稳定的（León and Tumpson，1975）；对于生物资源来说，稳定性不能保证，结果取决于资源的增长函数和资源之间的任何相互作用（Grover，1997）。下文为了简单理解两物种竞争两种基本资源的可能结果，假定消费者和资源在 U 点处能实现稳定的平衡。

类似于 L-V 模型中使用双物种 ZNGI 探讨物种共存的方法，在物种 1 的 ZNGI 旁边另加一条属于物种 2 的 ZNGI，探究消费者—资源模型下双物种的四种共存情形（图 4-14）。

物种 1 具优势：如图 4-14（a），物种 1 的 ZNGI 包围着物种 2 的 ZNGI，物种 1 用以维持种群平衡所需两种资源的量均小于物种 2。两物种的 ZNGI 将图分成了 3 个潜在资源可利用的区域，当资源供应点位于区域 1 时，环境将没有足够的资源来支持任何一个物种，因此，两物种都会灭绝。在区域 2，资源供应足以维持物种 1 的数量，但不能维持物种 2 的数量。因此，在资源供应点位于区域 2 的环境中，只有物种 1 可以生存。区域 3 开始有足够的资源让两个物种同时生存。然而，如果两物种都被引入到资源供应点在区域 3 的环境中，物种 1 的种群增长将使资源减少到物种 1 的 ZNGI 上的一个点，这个点会低于物种 2 的 ZNGI。因此，物种 1 还是会竞争排斥物种 2。

物种 2 具优势：如图 4-14（b），与图 4-14（a）相反，此时物种 2 的 ZNGI 包围着物种 1 的 ZNGI。总结起来就是，能够容忍最低水平的资源供应的物种会是最终赢家。

物种 1 和物种 2 稳定共存：图 4-14（c）中，两物种的 ZNGIs 交叉，交叉点是两物种的平衡点，该点处每个物种的 $dN/dt = 0$。不过这个平衡点是否稳定，部分取决于每个物种的消费向量的方向。在图 4-14（a）和图 4-14（b）中，竞争结果不受物种消费向量方向的影响。两物种的 ZNGIs 和消费向量将图划分为 6 个区域。当资源供应点位于区域 1 时，环境将没有足够的资源来支持任何一个物种。资源供应点位于区域 2，物种 1 得以维持，物种 2 灭绝；而位于区域 6 的资源供应点则导向物种 1 的灭绝和物种 2 的维持。位于区域 3—5 的点，情况较为复杂，当物种独自占据环境时，物种 1 和 2 都能维持下去。一旦发生竞争，位于区域 3 的点将使得物种 1 竞争排斥物种 2，因为物种 1 将把资源引向它自己的 ZNGI 和两物种平衡点的左边。同理，在区域 5 处物种 2 可以竞争排斥物种 1。而位于区域 4 的资源点则使物种 1 和物种 2 稳定共存，两物种对资源的联合消费将把资源的可用性引向平衡点，即 ZNGIs 相交的地方。此时两物种的平衡点是稳定的，因为在交点处，每个物种都按比例消耗更多最能限制其自身生长的资源。例如，物种 1 对 R_2 的需求较高，而消费向量的斜率表明物种 1 对 R_2 的摄取更多，而平衡点处的资源对物种 1 来说，R_1 充足，R_2 刚刚好。物种 2 同理。

物种 1 和物种 2 不稳定共存：图 4-14（d）中两物种的 ZNGIs 相交不变，消费向量斜率与图 4-14（c）时相反，资源供应点在区域 1、2、3、5 或 6 时，竞争结果与 4-14（c）相同。重点在于区域 4 内的资源点，虽然两物种对资源的联合消费同样把资源的可用性引向了平衡点，但是平衡不稳定。物种 1 受制于 R_2，物种 2 受制于 R_1。然而，消费向量的斜率显示，物种 1 消耗相对较多的 R_1，物种 2 消耗相对较多的 R_2。因此，在平衡点上，每个物种消耗相对较多的是最能限制其他物种生长的资源，而不是最能限制其自身生长的资源。这种情况导致平衡是不稳定的，任何偏离平衡点的情况都会随着时间的推移而放大，直到物种 1 或物种 2 竞争不过对方，至于谁获胜，则取决于初始条件。

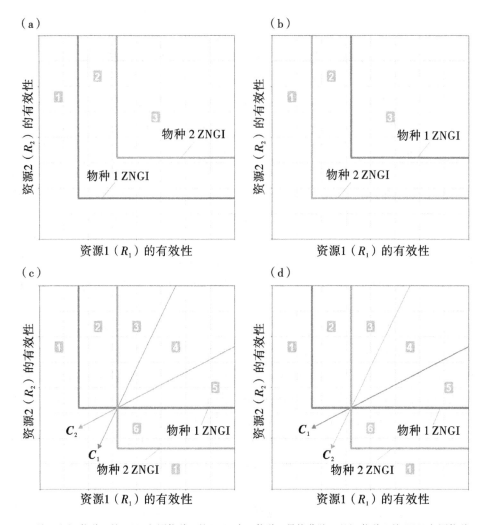

注：(a) 物种1的ZNGI包围物种2的ZNGI内，物种1最终获胜。(b) 物种2的ZNGI包围物种1的ZNGI内，物种2最终获胜。(c)(d) 物种1和2的ZNGIs交叉。ZNGI的交点表示平衡点，在平衡点上，物种1和物种2的种群密度不变。C_1和C_2是物种的消费者向量。(c) 该平衡点是局部稳定的，因为每个物种消耗更多的资源来限制其自身的增长。(d) 两个物种的消费向量与 (c) 中的向量相反，平衡点是不稳定的，因为每个物种消费更多的资源来限制其他物种的生长。

图4-14 两物种竞争两种基本资源的图形模型

(2) 竞争基本资源的数学模型。

$$\frac{dR_1}{R_1 dt} = a_1(S_1 - R_1) - \left(\frac{dN_1}{N_1 dt} + m_1\right)/e_{11} - \left(\frac{dN_2}{N_2 dt} + m_2\right)/e_{12}$$

$$\frac{dR_2}{R_2 dt} = a_2(S_2 - R_2) - \left(\frac{dN_1}{N_1 dt} + m_1\right)/e_{21} - \left(\frac{dN_2}{N_2 dt} + m_2\right)/e_{22}$$

$$\frac{dN_1}{dt} = r_1 N_1 \left[\min\left(e_{11} c_{11} \frac{R_1}{k_{11} + R_1}, \ e_{12} c_{21} \frac{R_2}{k_{21} + R_2}\right) - m_1 \right]$$

$$\frac{dN_2}{dt} = r_2 N_2 \left[\min\left(e_{21} c_{12} \frac{R_1}{k_{12} + R_1}, \ e_{22} c_{21} \frac{R_2}{k_{22} + R_2}\right) - m_2 \right] \quad (4-28)$$

（3）竞争两种可替代资源。如果资源之间互相可替代，即每种资源都能提供消费者增长所需的全部物质，而且一种资源可以完全替代另一种资源，那么消费者的 ZNGIs 可以用资源状态空间中的直线来表示。如果两消费者物种的 ZNGIs 没有相交，则 ZNGI 最接近原点的物种将在竞争中获胜（即它对两种资源都有较低的 R^*）。因此，类似于竞争基本资源，竞争可替代资源的两个物种之间实现共存需要它们的 ZNGIs 交叉（即物种在两种资源上生长的能力必须有一个权衡）。在两种可替代资源上稳定共存的标准与基本资源的标准相似，但也有一些重要的区别。对于可替代资源，如果每个物种按比例消耗更多的最能限制其自身生长的资源，并且平衡时资源的密度稳定且为正数，就会出现稳定的共存。需要注意的是生物资源因资源之间也存在复杂相互作用，上述结论不一定适用，仅针对非生物资源而言。数学模型如下：

$$\frac{dN_1}{dt} = N_1 (e_{11} a_{11} R_1 + e_{12} a_{12} R_2 - d_1)$$

$$\frac{dN_2}{dt} = N_2 (e_{21} a_{21} R_1 + e_{22} a_{22} R_2 - d_1)$$

$$\frac{dR_1}{dt} = r_1 (S_1 - R_1) - a_{11} N_1 R_1 - a_{21} N_2 R_1$$

$$\frac{dR_2}{dt} = r_2 (S_2 - R_2) - a_{12} N_1 R_2 - a_{22} N_2 R_2 \quad (4-31)$$

各系数含义同之前。进食率 a_{ij} 表示物种 i 对 j 资源的进食。如果 $a_{i1} > a_{i2}$，意味着物种 i 对 R_1 的需求高于 R_2。如图 4-15（a）所示，物种 1 和物种 2 的 ZNGI 相交，资源状态空间被两物种的 ZNGIs 和消费向量划分为 6 个区域。两条 ZNGI 的交点为平衡点，该点处两物种的种群维持不变。图 4-15（a）所示的平衡点是稳定的，每个物种按比例消耗更多的最能限制其自身生长的资源，物种 1 消耗更多的 R_1，物种 2 消耗更多的 R_2。当资源供应点位于区域 4 时，物种 1 和物种 2 实现共存，如图中的点 $S(S_1, S_2)$，该点将向平衡点移动。图 4-15（b）则展示了资源供应点位于 S 时，消费者物种和资源的动态变化，显然消费者和资源最终都达到稳定不变的状态。

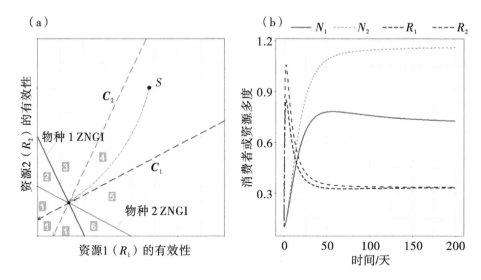

(a) 图展示了物种 1 和物种 2 的 ZNGI 及各自的消费向量,而区域 4 内的资源供应点 S 可以保证两物种的稳定共存。(b) 图展示了资源供应点位于 S 时,消费者物种和资源的动态变化(计算机模拟)。

图 4-15 两物种竞争两个完全可替代的资源(R_1,R_2)的图形模型

4.1.3 基于个体的模型

基于个体的模型又称为基于代理的模型(agent-based models,ABMs),两者完全等价。传统生态模型建立在种群层面上(将物种种群视为连续变量),使用微分方程的方式及自上而下的逻辑(top-down),基于个体的模型(individual-based models,IBMs)则与此不同,其采用自下而上的逻辑(bottom-up),通过模拟个体的具体行为(个体间的相互作用、明确个体间的差异),观察种群层面的模式如何由个体层面涌现。个体更够感知环境,改变其行为以适应环境,个体的行为也可能导致环境的改变,环境的改变又可能影响其他个体的行为。本质上,基于个体的生态学模型最终得到的仍然是种群乃至群落、生态系统层面的信息,只不过建模的对象为生物个体本身。

宏观上看,同一个物种的不同个体都有相似的特征,但"世界上没有两片完全相同的叶子",个体间的差异又体现在方方面面。为什么要构建基于个体的模型?一般来说,模型越简单越好,那么为什么不忽略个体的变异和它们的行为,而像经典的理论种群生态学那样考虑种群的平均呢?

有必要在生态学模型中考虑个体差异的原因主要有 3 个:①个体的可变性。个体通常是不同的,即使它们具有相同的年龄、性别等。资源稀缺时,更大或有更多经验的个体有竞争优势。在生物体的生活史中,个体不仅在大小上

有变化，而且在食物需求、行为等方面也有变化。②相互作用的发生机制。大多数数学模型都假设了全局的相互作用，即所有个体与所有其他个体都发生相互作用，但真正的相互作用往往发生在局部。③个体的适应性行为是关键。个体的目标往往是生存并尽可能多的繁殖后代，是适应性最大化。为了达到这一目的，它们会依据当前自身和生物及非生物环境的状态调整自己的行为。适应性行为很可能影响甚至决定种群、群落和生态系统的属性。

上述3个方面的问题很难用微分方程解决，IBMs 作为一种在计算机上运行的模拟模型，能很好应对个体的复杂性。自20世纪80年代末以来，计算机逐渐普及，随之而来的是基于个体的模型成为生态学建模的一个正式分支。现在，IBMs 在生态学中被广泛使用，基于个体这一术语，IBMs 也具有了更广泛的意义。例如，有些 IBMs 只包括一个基于个体的方面，如个体的离散性，或局部的相互作用，其他方面与经典的微分方程模型非常相似。本章所介绍的是狭义上的 IBMs，即对个体的方方面面都详细描述。

如何描述和设计 IBMs 呢？关键在于明确 IBMs 的哪些特征去了解，以及如何简明扼要地描述它们？我们已经学习了传统的基于微分方程的模型，上述问题大家已经了然于胸：我们写下方程、参数，给参数赋值即可。但是当我们使用 IBMs 时，问题变得复杂起来，因为模型可能更复杂了，而且没有传统的手段，如微分方程。当然也不是全无办法，现在基于个体的建模者广泛使用一种描述 IBMs 的标准协议，即 ODD（overview, design concepts and details）协议。该协议由 Grimm 等人于2006年首次提出，其后 Grimm 等人分别于2010年和2020年对 ODD 协议做了进一步的补充升级（Grimm et al., 2006; Grimm et al., 2010; Grimm et al., 2020）。事实证明，ODD 协议不仅对描述 IBMs 很有用，而且在设计模型时，它也是思考模型的框架。我们首先了解 ODD 协议，然后学习如何设计 IBMs。

4.1.2.1　ODD 协议

ODD 协议总体包含7个方面要素。总览部分有3个方面，提供了模型的内容和设计方式的概述；设计概念部分详细描述了 IBMs 的基本特征；最后的细节提供最后3个方面要素，包含使描述完整的必要细节（图4-16）。

总览 (overview)	ODD协议的具体组成要素
	1.目的和模式(purpose and patterns)
	2.实体、状态变量和尺度(entities, state variables, and scales)
	3.过程概览和调度(proccss overview and scheduling)
概念设计 (design concepts)	4.概念设计(design concepts) ・基本原则(basic principles) ・涌现(emergence) ・适应性(adaptation) ・目标(objectives) ・学习(learning) ・预测(prediction) ・感知(sensing) ・相互作用(interaction) ・随机性(stochasticity) ・集群(collectives) ・观察(observation)
细节 (details)	5.初始化(initialization)
	6.数据输入(input data)
	7.子模型(submodels)

图4-16 用于描述IBMs的ODD协议概述

1. 目的和模式

第一个要素是对模型所解决的问题的清晰和简明的陈述：我们如何系统建模，以及试图了解什么。注意，ODD从陈述模型的目的出发，然而目的本身并不是模型的组成部分。如果不首先明确模型的用途，就不可能对模型做出任何有意义的决定（模型应该包含什么，不应该包含什么，模型结构是否有生态学意义）。描述目的必须尽可能地具体阐明模型中需要和不需要的东西。话虽如此，这一步往往较难操作。一个非常有用的技巧是提前勾画出结果部分的关键图表，比如什么输入（x轴变量）驱动什么输出（y轴变量）、期待观察哪些变量的变化（误差条、直方图等）等。清晰指出模型不是为哪些系统和问题设计的，可以有效限制模型设计范围，有利于提高模型设计效率。

IBMs另一个重要的概念是面向模式的建模（pattern-oriented modeling, POM）。模式是在随机变化之上的秩序的展现，它明确了一个问题："我们为什么系统建模？"这个问题不仅要通过对系统的命名来回答，而且要明确使用标准，以决定模型何时足够现实，对目的有用。请记住，模式是判断一个模型是否有用的最佳标准：当一个模型再现各种模式，而这些模式是由模型所设计的问题的重要过程所驱动时，就可以认为该模型有助于回答我们的科学问题。试图让模型重现太多的模式会让模型过于复杂，因此需要对模式进行取舍。知道一个模型没有包含哪些模式也很重要，因为这些模式提供了关于模型缺少什么或不现实的线索。举一个简单的例子，假如试图用 IBMs 模拟老虎的行为，模型应展现出以下模式：种群具有与现实接近的出生率和死亡率，雌雄虎的领地范围有重叠，领地大小与猎物多度负相关。

2. 实体、状态变量和尺度

IBMs 至少包含两类实体：个体和个体所处的环境。个体的种类可以多样化，环境亦可以非均质。最简单的情形就是一种个体（例如植物）生长在均质化的环境当中，复杂点模型可能有来自不同营养级的个体存活于异质化的环境当中。

状态变量用以描述实体的特征，实体拥有的状态变量可能不止一个。例如，位置信息、年龄、性别和大小等都可以作为个体的状态变量；环境中的水分、能量高低、是否适宜生存等都是环境的状态变量。科学问题决定了状态变量的取舍，此外，还有 2 条基本原则：①状态变量越少越好，满足模型需求即可；②从其他状态变量中推导出的变量不属于状态变量。

模型的尺度有时间尺度和空间尺度之分，尺度自身又包括分辨率（resolution）和范围（extent）。生态学的 IBMs 通常将空间划分为正方形的小格子，每个小方格的大小定义了模型的空间分辨率，由于研究对象的差异，分辨率可以从 cm^2 到 km^2 等；小方格的数量定义了模型的空间范围，如 100×100 个格子。时间尺度的分辨率由模型的时间步长决定，如 1 年；依据步长，时间范围则有所不同，步长为 1 年时，时间范围通常可达上百年。

3. 过程概览和调度

过程实质上就是 IBMs 的一系列子模型（submodels），其被用以描述个体的行为。一旦确定了模型的实体，接着就要思考哪些过程会导致实体的状态变量的变化。例如，生态学中常见的过程包括：个体生长、种子传播、能量流动、捕食、生境选择、生境动态、死亡、繁殖和扰动等。与选择状态变量一样，过程并非越多越好，建模者要仔细思考哪些过程需要详细描述。原则上，需要结合状态变量和尺度来做决策，比如，将时间步长设定为 1 年，那个体的觅食过程肯定没办法仔细描述，只需一笔带过；如果个体对栖息地的选择与短期内的环境变化息息相关，可能需要 1 天甚至更短的时间分辨率，那就需要明确表示个体在下一个时间步骤中移动的过程。

有些不重要的过程不包含在模型中，而有些过程需要在模型中体现，但不需仔细描述，那么可以用一个常数参数表示。例如，个体的死亡概率可能正比于个体间的相互作用强度，倘若相互作用不是模型关注的重点，完全可以将每个个体的死亡概率设定成一个常数。

通常使用数学表达式和 IF-THEN 条件的组合来表述实现模型过程的子模型。例如，个体生长可以用生长方程来表示，而栖息地的选择则需要概率性的 IF-THEN 规则："如果在个体的感知范围内的最佳栖息地比个体当前的栖息地质量高，而且被捕食的风险更低，那么在一定的概率下，个体将搬到新的栖息地。"

IBMs 毕竟依赖计算机的模拟，所以过程不能像现实中那样平行运行，而只能是一个接一个。当然现实中很多过程也是顺序进行的，例如，个体只有发育成熟才有可能产生子代。简单来说，过程的调度就是谁在什么时间以什么顺序做什么事。过程的执行顺序对个体的动态变化有决定性作用。建模者可以提前绘制 IBMs 的固定时间表，定义过程发生的单一顺序，也就是说，每个时间步长作为一个重复周期，循环执行。

补充说明行动（action）的概念能使我们更好地在实操中理解 IBMs 的过程如何调度。一个模型的时间表可以被认为是一个行动的序列，一个行动指定了哪些实体以何种顺序执行什么过程。以 NetLogo 软件为例，一个典型描述行动的代码写作如下：

ask turtles [move]

该句指定了实体（turtles）执行某一过程（move），至于移动到何处，需要其他代码配合，不在此处赘述。

4. 概念设计

ODD 协议的这一节旨在提供一种标准化的方式思考一些对于设计 IBMs 很重要的基本特征，其他概念框架（如微分方程）无法与这些基本特征兼容。ODD 协议共给出了 11 种概念设计，并非每种概念都需要我们在建模时仔细考虑。每种概念设计都伴随着一系列需要建模者思考的问题，针对性地回答这些问题对建模大有裨益。

基本原则：模型设计基于什么概念、理论或假设？

涌现：模型输出的哪些结果是重要的？其中哪些是机械性地涌现自个体的适应性行为，哪些是由迫使模型产生某些结果的规则强加的？

适应性：个体有哪些适应的行为以及为什么会有这种行为？个体对环境的变化做何种响应？如何对适应性行为建模？模型是否假定个体通过明确考虑哪种方法最有可能提高某些特定目标来选择替代方案（直接寻求目标，direct objective-seeking），或者它们只是迫使个体重现在真实系统中观察到的行为模式（间接寻求目标，indirect objective-seeking）？

目标：如果适应性行为属于直接寻求目标的类型，那么应用什么标准来衡量个体的决策（比如适合度）？即模型自身能够评估个体能否从它可能做出的每个选择中获益。考虑到模型的目的和它代表的真实系统，应如何选择变量和机制（比如繁殖的必要条件）？目标措施是否随着代理人的变化而变化？

学习：随着时间推移，个体通过积累足够的经验后，是否会改变适应性的决策？

预测：即使最简单的个体对未来也有一定的预测能力（预测所处环境未来的变化），建模时如何体现这一点？

感知：哪些环境变量或者自身的信息能够被个体所感知？个体的行为将依据感知到的信息而改变，当然，这背后必须要有明确的生态学机制。个体能在多大的范围内感知（空间和时间）？

相互作用：个体之间的相互作用是竞争性的还是互助的？是直接竞争还是竞争某一类资源？个体间相互作用发生的尺度如何？

随机性：哪些过程应被模拟为随机过程？哪些需要被设计为确定性的过程？

集群：个体集合成集群，集群反之对个体产生影响，模型是否能模拟集群的产生及集群的反馈作用？

观察：为了观察模型的内部动态以及涌现在系统层面的现象，哪些输出是必要的？需要什么工具来获取输出？针对"目的和模式"中定义的模式，如何分析测试模型体现了所需的模式？当然最关键的，模型的输出是否回答了科学问题？

5. **初始化**

运行模拟前，需要给一些必要的参数指定初始值，例如，模拟捕食者捕猎时，需事先给定捕食者和猎物的初始位置和数量。IBMs 的输出结果极大依赖着模型的初始条件，初始条件亦可能是科学问题的一部分。有时建模者希望结果独立于初始条件，则需要不停运行模型直至初始条件已完全被模型"忘记"。模型的初始条件需要具备一定的现实意义，建模者汇报模型结果时，通常需要详细展示初始条件。

6. **数据输入**

IBMs 中的数据不一定完全由模型模拟产生，此外，还可以通过读取外部文件获取。例如，一个区域的降水量数据往往都是现成的，不用费力去模拟，直接使用气象记录数据即可。

7. **子模型**

至此，ODD 协议给出了模型的"骨架"：实体、状态变量和所有过程的名称以及先后顺序，了解了这些后，模型已经初具雏形。进一步，可通过子模型使模型丰满起来。上文已经提到，模型中的所有主要过程都被视为子模型，子模型是 IBMs 中过程的数学表达形式。为了使 IBMs 能被反复实现，建模者必须详细描述构成子模型的所有方程式、逻辑规则和算法，需要明确方程中每个参数的含义（通常在一个表格中给出每个参数的含义、单位、默认值、可能的值范围，及这些值的设置依据）。

4.2　常用软件介绍

4.2.1　NetLogo

1999 年，UriWilensky 发布了 NetLogo 的首个版本，该软件旨在提供一个可编程的建模环境，便于研究者构建基于个体的模型，模拟自然和社会现象。此后，由 Center for Connected Learning and Computer-Based Modeling 负责 NetLogo 的维护和开发，目前软件的最新版本为 6.2.2，于 2021 年 12 月 13 日发布。目前 NetLogo 可以在所有主流平台上（Mac、Windows 和 Linux 等）作为一个桌面应用程序运行，同时支持命令行操作。

NetLogo 包含了海量的现成模型，集成在模型库中———一个可以使用和修改的预写模拟的大集合。这些模拟涉及自然和社会科学的众多领域，包括生物学和医学、物理学和化学、数学和计算机科学，以及经济学和社会心理学。软件自带详细的文档和教程，方便爱好者自学。软件也提供了完备的创作环境，使开发者能够按自己的想法创建新的基于个体的模型。NetLogo 足够简单，但又足够先进，可作为许多领域的研究人员的强大工具。NetLogo 尤其适合于对随时间发展的复杂系统进行建模。建模者可以给成百上千的独立运行的"代理"（agent）发出指令，即我们前文所说的个体，基于个体的模型又被称为基于代理的模型（agent-based model），两者完全等价。这使得探索个体的微观行为与它们的互动所涌现的宏观模式之间的联系成为可能。

可以在 NetLogo 官网（http://ccl.northwestern.edu/netlogo/）找到软件的下载链接、用户手册等，安装软件并打开后，其初始界面如图 4-17 所示。

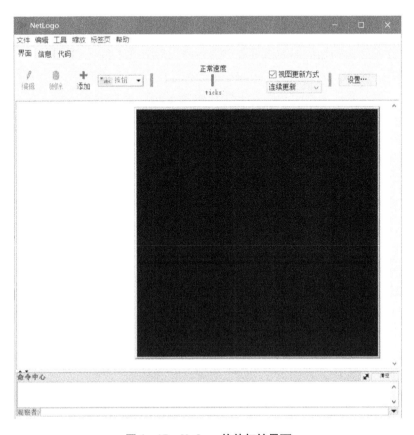

图 4-17 NetLogo 软件初始界面

学习 NetLogo 的最佳方法就是仔细阅读软件内置的帮助文档,对比,首次运行软件后可以试着这样做:

(1)点击"帮助"后,然后点击"NetLogo 用户手册",即在网页浏览器中打开 NetLogo 内置帮助文档(NetLogo 官网虽然提供了中文版本的用户手册,但是版本较老,阅读英文用户手册最佳)。对初学者最有用的部分是"Introduction"和"Learning NetLogo"两部分;一旦开始编写自己的模型,就需要熟悉"Interface Guide"和"Programming Guide"两部分。

(2)仔细阅读 NetLogo 用户手册中的"Tutorial #1:Models"。确保了解设置和前进按钮、滑块和开关、绘图和显示器、什么是视图和如何调整、视图的坐标系和 max-pxcor 及 max-pycor 如何工作,以及如何打开和使用模型库。

(3)尝试模型库(Models Library)中的一些模型,仔细阅读信息标签(Info tab),该栏提供了关于当前模型的详细说明。

初学者一定要勤快地查看并运行 NetLogo 模型库中的模型。这些模型按学科分组，显然除了生态学，基于个体的模型在许多学科中都有着广泛的应用。模型库内大部分模型的科学问题相对简单，便于理解，而且都非常经典，仔细学习不仅能体会到如何用简单的模型尽可能还原真实系统，以回答我们关心的科学问题。此外，还能感受 NetLogo 针对空间和个体运动建模及输出结果方面的优秀。但不要认为 NetLogo 只能做到如此，面对复杂的系统时，NetLogo 同样游刃有余。

NetLogo 虽然拥有便捷的图形化界面，但是具体到模型如何执行层面，则需要建模者编程实现。NetLogo 有一套自己的编程语言，用户可特别注意模型库中的 Code Examples，该部分包括大量有据可查的例子，说明如何在 NetLogo 中做具体的事情（例如，控制过程的执行顺序，读取输入文件和写入输出文件，导入图片，如何绘制特定统计图表和控制界面颜色等）。每当建模者不确定如何编程时，可以尝试从 Code Examples 中寻找灵感，甚至可以简单地复制其中代码。

NetLogo 有 4 种代理（agent）的基本类型：

（1）移动代理（mobile agents），即 ODD 协议实体中的个体，NetLogo 将这一类代理称为 Turtle，不同种类的 Turtles 称为 breeds。

（2）斑块 Patches 指的是代表空间的方形单元，个体所处的环境由一个个方形单元组成。

（3）Links 都连接着两个 Turtles，提供了一种表示 Turtles 之间关系的方式，如网络。

（4）Observer，可以看成是一个模型的整体控制器。Observer 的权限包括创建其他代理、全局变量等（可以想象建模者自己就是 Observer）。

上文我们提到过，基于个体的模型又称基于代理的模型（agent-based models，ABMs），在 NetLogo 中，agent 一词的含义与其在 ABMs 中的含义有些许差别。在 ABMs 中，agent 指的是模型中构成种群或系统的个体，而不是像斑块（patches）、链接（links）和观察者（observer）这类对象，agent 在 NetLogo 中的含义广泛的多。下文如无特殊说明，所提到的代理均指 NetLogo 中的各种代理。

NetLogo 中的每种代理都有特定的变量和命令方式，用户可在 NetLogo 软件中打开 NetLogo Dictionary 查看变量的定义。变量可以容纳数字、文本、代理，甚至包含所有或部分代理的"代理集"。每种代理都有几个重要的内置变量，内置变量代表的东西几乎在所有模型中都会用到。当建模者写自己的程序时，需定义每个代理类型所需要的额外变量。属于 Observer 的变量将自动成为全局变量，所有代理都可以读取和改变此类变量的值。全局变量通常用于表示模型参数及影响所有代理的一般环境特性。

为了便于建模，NetLogo 内置了一部分程序或命令用于告诉代理做什么，称 primitive。建模者必须熟悉 primitive，此类程序帮助建模者做了很多编程工作，缩减了编程时间。例如，move-to 告诉 turtles 移动到其他斑块或其他 turtles 的位置；uphill 的功能更强大，它告诉 turtles 移动到拥有某些最高变量值的邻体斑块中。编写 NetLogo 程序的主要技巧之一是不断翻阅 NetLogo Dictionary，找到已经定义好的 primitive，尽量减少自己编写的代码量。NetLogo 的 primitive 数量太多，初学者很难完全掌握，但只有小部分会经常用到，先从这部分学起相对轻松，至于哪些是常用的，需要多阅读模型库中的模型代码。

4.2.1　SORTIE

SORTIE（software for spatially-explicit simulation of forest dynamics）是一个基于个体的森林模拟器，旨在研究邻体之间的关系过程。SORTIE 针对森林中的树木单独建模，每个植物个体在空间都有自己的特定位置。SORTIE 尤其适合研究植物个体之间的相互作用对种群动态的影响。

SORTIE 模型的基本状态是由 plot、trees 和 grids 定义的。plot 是模拟发生的基本地点，具有特定的大小和形状，以及气候和地理位置的属性。trees 是 plot 中构成森林的个体。grids 中则持有因地而异的额外数据，如土壤理化性质、森林地面的光照程度等。所有这些共同定义了在一个特定时间的模型状态。

SORTIE 中能改变模型状态的过程称为行为（behaviors）。行为通常对应于生物过程。不同的行为相互作用，形成一个复杂的系统。例如，一个模型可能由 3 种行为组成：一个行为是计算树木的光照度，一个行为是根据光照度确定树木的生长量，还有一个行为是树木生长过慢会导致其死亡。行为是有顺序的，以正确构建它们的互动关系，正如 ODD 协议强调的流程调度。

4.2.3　其他

IBMs 使用计算机代码（软件）模拟复杂的生态系统，而计算机代码本身就是一个复杂的系统，从而导致了 IBMs 具有双重复杂性。尽管 ODD 协议给出了构建 IBMs 的一般思路，但在实操中仍然不得不面对"头疼"的编程（即使是 NetLogo 这种相对便利的平台，也必须学习 NetLogo 的代码）。如果有意在 IBMs 领域深耕，学习一门编程语言很有必要（尽管学习过程可能不那么"愉悦"）。基于当下发表的各种 IBMs 文献，下面谨慎推荐几种常用的编程语言，以供参考。

20世纪80年代后期至90年代初期，面向对象的范式成为风潮，涌现一批面向对象的编程语言，如Python、C++（C++是一种多范式的语言，其不仅具备面向对象的范式实现，也具备面向过程范式实现）和Java等。面向对象的编程语言能方便地模拟各种真实事物。面向对象的编程语言具有"类"和"对象"的概念，类是抽象概念，对象是具备这个类特征的具体的事物。通俗点说，植物是一个类型，具体到某棵树就是对象。面向对象的编程语言尤其适合进行IBMs建模。

C++的特点是运行速度快、功能强大，但编程复杂，容易出错。最新使用C++开发的IBMs有Gen3sis（Hagen et al., 2021）、MadingleyR（Hoeks et al., 2021）和RangeShifter（Bocedi et al., 2014）等。C++是一种编译型的语言，而Java作为解释型编程语言，虽然其在运行效率上不如C++，但没有C++里难以理解的指针等概念，简单易用，基于Java开发的IBMs有XL/GroIMP（Hemmerling et al., 2008）、Swarm等。Python也是个不错的选择，它容易学习、编写和阅读，虽然其运行速度不如C++和Java，但有更高级的数据包支撑，完全可以胜任IBMs的要求，基于Python开发的IBMs有Mesa（Kazil et al., 2020）。R语言适合统计分析，内置了丰富的程序包，学习相对容易，但由于运行缓慢，不适合IBMs。但可用于分析IBMs的结果、绘图等。

Julia是一种新的语言，明确地针对数值分析和计算科学而设计。它的语法与Python相似，易于掌握，支持多种编程范式（包括面向对象和函数式编程），且速度比Python快。由于当下数字运算和建模领域的巨大需求，Julia刚问世就获得了极大赞誉。使用Julia开发的IBMs有DEBplant（Schouten et al., 2020）、Agents.jl（Datseris et al., 2022）和GeMM（Leidinger et al., 2021）等。

学习一门新的编程语言意味着大量的时间投资。除了编程语言自身的特性，"语言生态系统"规模往往是至关重要的：有多少库可用，帮助文档是否易懂，项目合作者是否也了解这种语言？大多数生态学家只在他们的大学课程中学习过R语言，转向另一门语言着实不够轻松。尽管如此，学习一门新的语言是一次性的投资，且可以获得长期的回报，从长远来看，很可能节省的时间和精力。

4.3 基于个体的模型实例分析
——狼—羊系统

4.3.1 系统介绍

狼—羊系统，即捕食者—猎物系统，是一个经典研究捕食者—猎物种群动态的例子。首先回顾一下捕食者—猎物系统的传统研究方法。最广泛使用的捕食者—猎物动态模型由 Lotka 和 Volterra 各自提出。假定一个简单的生态系统由一个捕食者（P）种群和一个猎物（N）种群组成，捕食者和猎物的种群增长率模型分别为：

$$\frac{dP}{dt} = eaNP - mP \tag{4-32}$$

$$\frac{dN}{dt} = rN - aNP - cN^2 = rN(1 - \alpha N) - aNP \tag{4-33}$$

式中，$e<1$，表示的是捕食者将捕获的猎物变成新的捕食者的相对效率，a 为捕食率，m 为死亡率，r 为内禀增长率，$c = r/K = r\alpha$，大部分参数的具体含义本书在前文都有详细介绍。通过模型变体看到，可以把猎物视为资源，捕食者视为消费者。猎物作为生物资源，以 Logistic 方式供给。前文已经讨论了消费者对资源的非线性响应情形，此处不再赘述。

观察模型发现，捕食者的种群增长率依赖猎物的种群密度，猎物的种群增长则受捕食者取食的影响，同时还有自身的密度依赖。对猎物而言，没有捕食者存在时，种群增长模型等同于 Logistic 种群增长模型；同时不考虑捕食者和自身的密度依赖，种群增长模型等同于指数增长模型。

通过 R 软件模拟两种群动态，在给定合理的参数初始值情况下，捕食者和猎物种群能实现稳定共存。捕食者和猎物种群周期波动，振幅逐渐减小，最终达到稳定（图 4-18）。稳定时的平衡解可以通过令 $dP/dt=0$ 和 $dN/dt=0$ 求解得出。

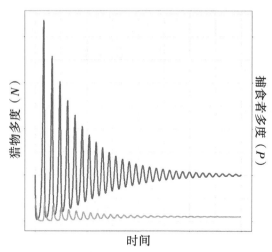

黑线：猎物动态；灰线：捕食者动态。

图 4-18　捕食者-猎物动态图解

使用经典模型虽然得到了漂亮的结果，但是忽视了具体的生物学机制，其结论也很难完全适用于真实系统。对此，如何用基于个体的模型模拟捕食者—猎物系统？NetLogo 的狼—羊模型（捕食者—猎物模型）高度凝练，它模拟的是一个简单的捕食者—猎物生态系统，该系统只由狼、羊和草组成。这三个物种的种群大小相互关联：狼吃羊，羊吃草，而被吃掉的草在一段时间后重新长出来。

模型假定狼、羊、草共处一个由单元正方形斑块的网格内，每个斑块代表一块包含草地的地形。斑块内的草可能处于 2 种状态之一：绿色表示有草；棕色表示无草。

狼和羊每次行动从一个斑块移动到另一个斑块，移动过程完全随机，不考虑躲避天敌或是主动寻找有草的斑块（如果狼和羊的移动超出网格边界，程序定义它们的新位置为与原来方向相反的网格的边缘，网格被当作一个环状体）。移动会消耗狼和羊的能量，能量则通过吃羊或者吃草补充。一旦能量为零，动物死亡。

当一只狼和一只羊移动到同一个斑块时，狼吃羊；如果斑块内有多只羊，狼会随机吃掉一只羊。狼吃了羊后会获得能量，吃掉的羊则被移除模拟。当羊移动到绿色斑块时，羊吃草并获得能量，该绿色斑块变为棕色斑块；羊移动到棕色斑块，无法进食获取能量。棕色斑块经过一段时间后回到绿色状态（长出新草），保持绿色状态直到新草再次被吃掉。

第 4 章 基于个体的模拟实验与生物多样性

狼和羊具有繁殖能力，但每个时间步骤内是否繁殖是随机的，模型分别给狼和羊设定了繁殖概率。繁殖过程简单处理：当一个动物繁殖时，它分裂成两个动物，亲代和子代的能量变为亲代繁殖前能量的一半；所有动物都有繁殖能力，不考虑性别和交配，即无性繁殖。

更多模型的细节，可以在 NetLogo 的模型库中打开 Wolf Sheep Predation，阅读模型的 Info 标签和 Code 标签。

4.3.2 在 NetLogo 内实现狼—羊模型

尽管 NetLogo 有现成的模型可供学习，我们不妨尝试自己搭建模型，并以此为契机学习 NetLogo 的编程方式，以更好地了解基于个体的模型如何构建和运作。模型的构建是一个由浅入深的过程，本节我们将尝试从最简单的模型开始，逐步完善狼—羊模型。

点击 NetLogo 的"File"菜单然后点击"New"，即打开了一个空白模型界面，按如下方式操作建立 setup 按钮：

（1）点击界面选项卡顶部工具栏中的"Add"图标。
（2）在"Add"右边的菜单上，选择"Button"。
（3）在工具栏下方的空白区域任意地方点击鼠标，创建按钮。
（4）创建按钮后会自动打开一个编辑按钮的对话框，在标有"Commands"的框中输入"setup"。

创建后的 setup 按钮如图 4-19 所示。由于没有对应代码，此时 setup 显示红色，无法点击。下文其他的按钮创建类似。

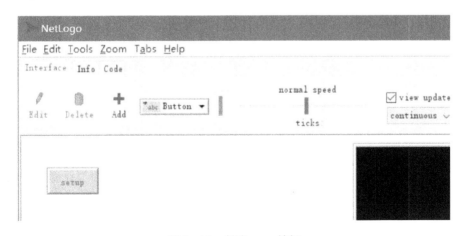

图 4-19　创建 setup 按钮

163

此时按钮为红色且无法点击，因为尚未编写需要 setup 的执行的命令，而想要对 setup 赋予功能，需要运行特定的代码，可以切换到 Code 标签栏，输入如下代码：

breed [sheep a-sheep]
turtles-own [energy]

to setup
clear-all
ask patches [set pcolor green]
create-sheep initial-sheep [
set shape " sheep"
set color white
set size 1.5
set energy random 50
setxy random-xcor random-ycor
]
reset-ticks
end

前面介绍过，NetLogo 中的个体被称作"turtles"，可以使用"create-turtles 100"这样的指令直接创建 100 个目标个体，而关键词 breed 则允许自定义 turtles 的名称。breed 是 NetLogo 预设的管检测，必须在定义任何过程之前使用，也即通常出现在代码的开头部分。breed 后的中括号详细定义了 turtles 内容，本例中第一个输入 sheep 定义了羊这个物种相关的代理集的名称，第二个输入 a-sheep 定义了羊的一个成员的名称，有个 breed 的定义，接下来就可以使用 create-sheep 这个代码创造羊种群（不妨思考，如何定义狼？）。turtles-own 也是一个 NetLogo 关键词，同样必须在任何过程定义之前使用。它的作用是定义属于每个 turtles 的变量，本例中定义每个动物个体都有能量（energy）。

（1）to setup 定义了一个名为"setup"的程序，NetLogo 中任何程序的定义都以 to 开头，以 end 结尾。to setup 与 end 之间的代码描绘了 setup 的功能。

（2）clear-all 将系统重设为一个初始的、空的状态，相当于擦干净了黑板。

ask patches [setpcolor green] 将所有的斑块设定为绿色，pcolor 是斑块 patches 专有的颜色指令。

（3）create-sheep initial-number-sheep 创造了一定数量的羊，数量由

initial – number – sheep 决定，initial – number – sheep 如何定义将在下文中详细解释。

（4）create – sheep initial – sheep 后紧跟的方括号［　］内给出 sheep 详细的设定：形状是羊（NetLogo 内置了一系列的形状），白色，大小 1.5，在网格内的位置是随机的。

（5）reset – ticks 启动计步器。

结尾的 end 是必须的，注意不要遗漏。学习者养成先输入 to 和 end，然后补充中间内容的习惯。

通过选择"Button"创造"setup"按钮，而"Slider"则允许用户自由的定义某个变量的上下限。类似地，点击"Add"右边的菜单，选择"Slider"，在下方空白任意处点击，弹出的对话框可以设定数量变化的上下限等，在"Global variable"内输入"initial – sheep"（输入的名称与代码定义保持一致）。之后，就可以拖动"Slider"上的按钮，轻松定义初始羊种群的大小，不妨拖到 100。此时"setup"按钮已经变为黑色，点击 setup 后，网格内随机出现了 100 只羊。重复点击"setup"，观察区别（每次点击 setup 都会重新设置羊群位置）（图 4 – 20）。

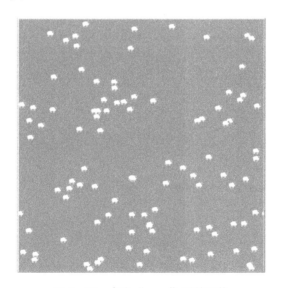

图 4 – 20　点击"setup"后的网格

接下来要描述羊的行为，让羊群动起来，该命令由"go"按钮实现。依旧点选"Button"，在空白处创造"go"按钮，在弹出的对话框的"Commands"内输入"go"，与创建 setup 不同的是，这次需要选中"Forever"和"Disable until ticks start"。"Forever"复选框使按钮一旦被按下就保持不动，即它的命令会反复运行，如果不点选，每次 go 命令只会运行一步。点选"Forever"后，go 按钮的右下角会出现一个循环标识。"Disable until ticks start"保证模型第一次运行时必须先 setup，否则 go 无法点击。我们希望羊在网格内随机移动并产生后代，有如下代码：

```
to go
    move
    ask sheep [
      eat-grass
      death
      reproduce-sheep
    ]
    tick
end

to move
  ask turtles [
    right random 360
    forward 1
    set energy energy-1
  ]
End

to eat-grass
  set energy energy+energy-from-grass
end

to death
  if energy<0 [die]
end

to reproduce-sheep
  if random-float 100 < sheep-reproduce [
    set energy (energy/2)
```

第 4 章 基于个体的模拟实验与生物多样性

```
    hatch 1 [right random - float 360 forward 1]
  ]
end
```

首先定义 go 过程，同样以 to 开始，end 结尾。要求个体在网格内随机移动，用 move 过程控制。羊群则有自己特殊的行为，使用 ask sheep 定义。ask sheep 后的方括号 [] 内给出了羊群的具体行动方案：吃草（获得能量，获得能量多少通过创建一个 Slider 控制），死亡（能量低于 0）和产生后代（产生子代的概率通过创建一个 Slider 控制）。包括 move 在内的众多行动，又需要在另外的代码模块内具体定义。为什么不能把所有这些命令都写在 go 中？当然可以这样做，但在建立模型的过程中，很可能会添加许多其他部分。一个默认的原则是，确保 go 尽可能的简单，易于理解。go 内包含所有你希望模型运行时发生的事情，但只在 go 内列出事件名，事件的具体程序在 go 外定义。

仔细阅读程序发现，羊群移动虽然消耗能量，但草的供应是无限的，羊的能量不会消耗至净，羊不会死亡。模型运行后羊越来越多，此时羊种群大小的增长曲线应当符合指数增长形态。不妨绘制羊种群随时间变化的曲线图，看看是否符合我们的预期。打开"Add"按钮右边菜单，选择"Plot"，空白处点击即创造一个绘图窗口，并弹出自定义绘图窗口对话框。其中可以定义图片名称，x 轴和 y 轴对象，线条颜色等，按图 4-21 的方式点选底部的"Add Pen"可以增加新的曲线进行调整。

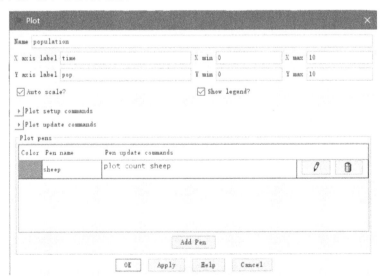

图 4-21 NetLogo 内置的绘图设置对话框

假如需要同时绘制多个物种种群变化图，点击对话框下方的"Add Pen"按钮即可。选择让程序自动调整坐标轴范围（auto scale），并添加图例（Show legend）。设定完成后，点击"setup"，然后点击"go"，得到羊种群增长的指数型曲线：没有狼，草无限供应时，羊群呈指数增长（图4-22）。

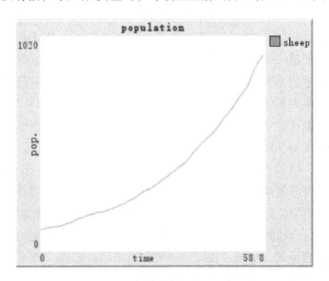

图4-22　种群增长的指数型曲线

假如草不是无限供应的，羊群大小如何变化呢？理论上，在一个没有天敌的系统中，若资源不是无限供应，则种群以 Logistic 曲线形式增长。可以通过改进上面的模型，以验证这一点。改进的方式很直观，斑块内的草被吃掉后需要一定的时间重新长出来，羊在没有草的斑块间移动致使自身能量下降，最终死亡，这实质上是给羊种群添加了环境容纳量。改进后的代码如下，这里只显示与初始模型不同的代码，相同的代码略去。

```
patches-own [countdown]
to setup
  clear-all
  ask patches [
    setpcolor green
    set countdown random grass-growth-time
  ]
  create-sheep initial-sheep [
    set shape "sheep"
    set color white
```

```
      set size 1.5
      set energy random 50
setxy random - xcor random - ycor
    ]
    reset - ticks
end

to go
  move
  ask patches [
    grow - grass
  ]
  ask sheep [
    eat - grass
    death
    reproduce - sheep
  ]
  tick; necessary
end

to grow - grass
    ifpcolor = brown [
ifelse countdown < = 0
       [set pcolor green
        set countdown grass - growth - time]
       [set countdown countdown - 1]
    ]
end
```

具体改动包括：

（1）在代码开端增加一个定义，patches 具有倒计时数字（countdown）。

（2）setup 部分除设定 patches 的颜色为绿色外，还设定 patches 的倒计时数字在区间 [0, grass - growth - time] 区间内随机抽取，grass - growth - time 利用 Slider 设定。

（3）go 部分增加了斑块的行为——草的生长（grow - grass），go 的外部具体描述 grow-grass，if 语句用于判断斑块颜色，若为棕色，那么接着查看斑块的倒计时数字。ifelse 语句有两个分支，若倒计时数字小于等于 0，意味着草生长出来，将棕色斑块变为绿色；若倒计时数字大于 0，则令该数字减去 1，实现倒计时的效果。

（4）羊吃草现在除增加自身能量外，还会导致该斑块由绿色变为棕色。

重新运行模型，草不再无限供应时，羊群数量有上限，即环境容纳量（图 4-23）。

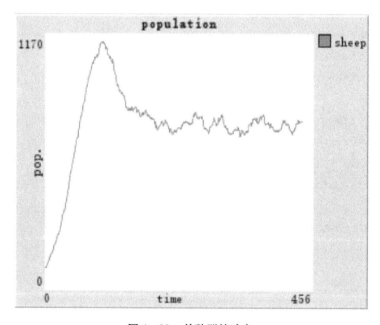

图 4-23 羊种群的动态

显然，资源受限制时，羊的种群大小无法一直增长，会在环境容纳量附近波动。在 Logistic 模型中，一个个体进入种群，种群的每员增长率会立即下降，但是本模型并非如此，羊种群对密度的反应具有时滞（time lags），时滞导致种群增长的曲线存在一定的波动。

最后，考虑将狼引入模型，构造完整的狼—羊模型。如果理解了上文的模型构造思路和编程语言，在系统内引入狼就相当轻松。思路包括以下步骤：

（1）类似定义羊，在开端定义狼 breed [wolves wolf]。

（2）setup 内设定狼的基本信息，包括大小、位置等。

（3）go 内列举狼的行为：移动、吃羊、死亡、产崽；go 外详细描绘狼行为。

新增加的代码如下，已有的重复代码略去：

```
breed [wolves wolf]
```

```
to setup
  ...
  create-wolves initial-wolves [
    set shape "wolf"
    set color black
    set size 2
    set energy random 50
setxy random-xcor random-ycor
  ]
  ...
end

to go
  ...
  ask wolves [
    eat-sheep
    death
    reproduce-wolves
  ]
  ...
end

to eat-sheep
  let prey one-of sheep-here
  if prey ! = nobody [
    ask prey [die]
    set energy energy + energy-from-sheep
  ]
end

to reproduce-wolves
  if random-float 100 < wolf-reproduce [
    set energy (energy/2)
```

```
    hatch 1 [right random - float 360 forward 1]
  ]
end
```

除了增加代码,还需要在绘图窗口增加一条属于狼种群的线,增加方法上文已经提及。除了图形观测,NetLogo 还提供了一种名为监视器(Monitor)的窗口,监视器可以显示想实时了解的代理(本例中草或者动物)的数量。通过点选"Add"旁菜单的"Monitor"选项即可添加监视器,在弹出的对话框中标有"Reporter"的框内输入我们想监测的内容:

(1) 在 Reporter 内输入"count sheep",则软件会自动统计当前羊的数量;同理,输入"count wolves",显示狼的数量。

(2) 斑块有绿色和棕色之分,若要统计绿色草地数量,输入"count patches with [pcolor = green]",注意 with 的用法。

运行一下最终模型,得到狼—羊种群动态图(图 2-24)。

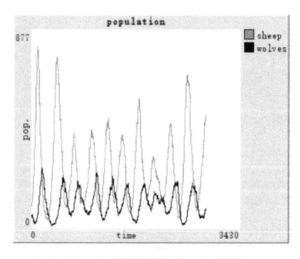

图 4-24　狼和羊种群动态各自呈周期性波动

可以看到,狼和羊的种群都呈周期性的循环。当羊的种群处于最大值与最小值之间时,狼种群达到最大值,也就是说,狼种群的峰值滞后于羊,反之亦然。

以上,我们自主构建了狼—羊模型,NetLogo 模型库中的 Wolf Sheep Predation 大体与我们的模型相同,但提供了更丰富的选项。例如模型设置了种群大小的上限,还可以在两个不同版本之间切换:只包含狼和羊的模型与包含狼—羊—草的模型。试着运行只包含狼和羊的模型,观察狼和羊能否稳定共存。在构建模型时,创造了大量可供自主调节的参数,如狼和羊的产崽概率、狼和羊从食物中获得的能量、狼和羊的初始数量等。初始参数的不同会极大影响 IBMs 的结果，实操中应当不停改变上述参数，这也是学习 IBMs 和 NetLogo 的一部分。

4.3.3 ODD 与 NetLogo

前面学习了 ODD 协议，了解了构建一个 IBM 的基本流程，并成功用 NetLogo 软件搭建了狼—羊模型。现在思考，当需要使 ODD 描述的模型在 NetLogo 中实际运行时，该怎么做？实质上，ODD 表述的主要元素在 NetLogo 中都有相应的元素。

1. 目标与模式

NetLogo 的 Info 标签栏用于填写关于模型的信息，可以在那里找到已有模型关心解决的科学问题和试图再现的模式，也可以为自己的模型撰写相关文字。例如，对于 Wolf Sheep Predation 模型，它的 Info 中写着：本模型探讨了捕食者—猎物生态系统的稳定性。不稳定的生态系统内会发生一个或多个相关物种的灭绝。相反，如果生态系统稳定，系统内的物种将会共存（共存物种的种群大小有波动，但系统仍旧稳定）。

2. 实体、状态变量与尺度

IBMs 的基本实体在 NetLogo 中有几种形式：patches 组成的网格世界、可以移动的 turtles，以及 observer。turtles 和 patches（当然还有其他类型的代理）的状态变量通过 turtles – own [ ] 和 patches – own [ ] 语句定义，而描述全局环境的变量则在 globals [ ] 语句中定义。在 NetLogo 中，一定要在代码的开端定义这些变量，正如 ODD 协议中要首先明确实体及实体的状态变量有哪些。

3. 流程概览和调度

一个设计精巧的 go 程序中完美展现 IBMs 的流程概览和调度。go 实质上调用了实现所有子模型的其他过程。它提供了所有过程的概览（列举了所有其他过程的名称，但不是详细的实现），并指定了过程的执行顺序。例如狼—羊模型中，动物必须先移动才能进食，一旦能量不足就会判定死亡。

4. 概念设计

概念设计的作用是指导在设计 IBMs 时如何决策，因此不直接出现在 NetLogo 代码中。然而，NetLogo 提供了许多基元（primitive）和接口工具来支持这些概念。

5. 初始化

显然 setup 的功能就是初始化模型。

6. 数据输入

NetLogo 也可以读取外部的文件。

7. 子模型

ODD 的子模型与 NetLogo 的程序密切对应，但不完全相同。一个 IBMs 的每个子模型都应在一个单独的 NetLogo 程序中编码，然后利用 go 程序调用。但有时为了方便，也会将一个子模型继续拆分成多个小程序。

历史上，ODD 协议和 NetLogo 是独立开发的，但它们有很多相似之处，而且对应关系相当密切。这不是巧合，因为 ODD 协议和 NetLogo 的开发都是通过寻找一般 IBMs 的关键特征以及它们与其他类型模型不同的基本方式。这些关键特征被用来组织 ODD 协议和 NetLogo，所以它们之间的对应关系才会如此自然。对于建模者而言，最重要的不是对 ODD 协议的生搬硬套，而是抓住 IBMs 的特征，灵活地运用 ODD 协议指导自己建模。在我们创建狼—羊模型时，我们运用了如下的技巧：①从简单到复杂建模，慢慢扩充模型。②有层次地搭建程序框架，比如在 go 程序的搭建。先有总体框架，明确目标，然后慢慢填充细节。③代码写得规范，易于辨认。

4.4 推荐阅读

本章的经典模型部分在撰写过程中参考了由 Nicholas J. Gotelli 撰写、储诚进教授和王酉石副教授翻译的《生态学导论——揭秘生态学模型》（第四版）（高等教育出版社 2016 年版），这本书很适合作为理论生态学研究的起点，书内关于经典模型的介绍更为详尽，包含了大量本章并未涉及的模型变体。

由 Volker Grimm 和 Steven F. Railsback 著、储诚进教授等翻译的《基于个体的生态学与建模》（高等教育出版社 2020 年版）则适合作为基于个体模型的入门读物。如译者所言，书中关于基于个体模型的建模思想和理念"不会随着时间而衰减"，历久弥新。

参考文献

[1] ADLER P B, SMULL D, BEARD K H, et al. Competition and coexistence in plant communities: intraspecific competition is stronger than interspecific competition [J]. Ecology letters, 2018, 21: 1319-1329.

[2] ARMSTRONG RA, MCGEHEE R. Coexistence of two competitors on one resource [J]. Journal of theoretical biology, 1976, 56: 499-502.

[3] ARMSTRONG RA, MAGEHEE R. Competitive exclusion [J]. The American naturalist, 1980, 115: 151-170.

[4] BOCEDI G, PALMER SCF, PE'ER G, et al. Rangeshifter: a platform for modelling spatial eco-evolutionary dynamics and species' responses to environmental changes [J]. Methods in ecology and evolution, 2014, 5: 388-396.

[5] BOTKIN D B, JANAK J F, WALLIS J R. Some ecological consequences of a computer model of forest growth [J]. Journal of ecology, 1972, 60: 849-872.

[6] CASE T J. An illustrated guide to theoretical ecology [M]. Oxford: Oxford University Press, 2000.

[7] CHESSON P. Mechanisms of maintenance of species diversity [J]. Annual rrview of ecology, evolution, and systematics, 2000, 31: 343-366.

[8] DATSERIS G, VAHDATI A R, DUBOIS T C. Agents. jl: a performant and feature-full agent-based modeling software of minimal code complexity [J]. Simulation, 2022.

[9] FREDRICKSON A G, STEPHANOPOULOS G. Microbial competition [J]. Science, 1981, 213: 972-979.

[10] GRIMM V, BERGER U, BASTIANSEN F, et al. A standard protocol for describing individual-based and agent-based models [J]. Ecological modelling, 2006, 198: 115-126.

[11] GRIMM V, BERGER U, DEANGELIS D L, et al. The ODD protocol: a review and first update [J]. Ecological modelling, 2010, 221: 2760-2768.

[12] GRIMM V, RAILSBACK S F, VINCENOT C E, et al. The ODD protocol for describing agent-based and other simulation models: a second update to improve clarity, replication, and structural realism [J]. Journal of artificial societies and social simulation, 2020, 23: 7.

[13] GROVER J P. Resource competition in a variable environment: phytoplankton prowing according to Monod's model [J]. The american naturalist, 1990, 136: 771-789.

[14] GROVER J P. Resource Competition [M]. London: Springer, 1997.

[15] HAGEN O, FLUCK B, FOPP F, et al. Gen3sis: a general engine for eco-evolutionary simulations of the processes that shape Earth's biodiversity [J]. PLoS biology, 2021, 19: e3001340.

[16] HEMMERLING R, KNIEMEYER O, LANWERT D, et al. The rule-based language XL and the modelling environment Groimp illustrated with simulated tree competition [J]. Functional plant biology, 2008, 35: 739-750.

[17] HOEKS S, TUCKER M A, HUIJBREGTS M A J, et al. Madingleyr: an r package for mechanistic ecosystem modelling [J]. Global ecology and biogeography, 2021, 30: 1922-1933.

[18] HOLLING C S. Some characteristics of simple types of predation and parasitism [J]. The canadian entomologist, 1959, 91: 385-398.

[19] KAZIL J, MASAD D, CROOKS A. Utilizing python for agent-based modeling: The mesa framework [M] //THOMSON R, BISGIN H, DANCY C, et al. Social, cultural, and behavioral modeling. Berlin: Springer, 2020.

[20] LEIDINGER L, VEDDER D, CABRAL J S. Temporal environmental variation may impose differential selection on both genomic and ecological traits [J]. Oikos, 2021, 130: 1100-1115.

[21] LEON J A, TUMPSON D B. Competition between two species for two complementary or substitutable resources [J]. Journal of theoretical biology, 1975, 50: 185-201.

[22] LETTEN A D, DHAMI M K, KE P J, et al. Species coexistence through simultaneous fluctuation-dependent mechanisms [J]. Proceedings of the national academy of sciences USA, 2018, 115: 6745-6750.

[23] LOTKA A J. Elements of physical biology [J]. Nature, 1925, 116: 461-461.

[24] MACARTHUR R H. Species packing, and what competition minimizes [J]. Proceedings of the national academy of sciences USA, 1969, 64: 1369-1371.

[25] MACARTHUR R H. Species packing and competitive equilibrium for many species [J]. Theoretical population biology, 1970, 11: 1-11.

[26] MALTHUS T. An Essay on the Principle of Population [M]. London: [s.

n], 1798.

[27] PACALA S W, CANHAM C D, SILANDER J A Jr. Forest models defined by field measurements: I. The design of a Northeastern forest simulator [J]. Canadian journal of forest research, 1993, 23: 1980 – 1988.

[28] ROSENZWEIG M L, MACARTHUR R H. Graphical representation and stability conditions of predator-prey interactions [J]. The American naturalist, 1963, 97: 209 – 223.

[29] SCHOUTEN R, VESK P A, KEARNEY M R. Integrating dynamic plant growth models and microclimates for species distribution modelling [J]. Ecological modelling, 2020, 435: 109262.

[30] TILMAN D. Resources: a graphical-mechanistic approach to competition and predation [J]. The American naturalist, 1980, 116: 362 – 393.

[31] TILMAN D. Resource Competition and Community Structure [M]. Princeton: Princeton University Press, 1982.

[32] VOLTERRA V. Variations and fluctuations of the number of individuals in an animal species living together [J]. ICES Jounal of marine science, 1928, 3: 3 – 51.

[33] YUAN C, CHESSON P. The relative importance of relative nonlinearity and the storage effect in the Lottery model [J]. Theoretical population biology, 2015, 105: 39 – 52.